U0349758

中国热带农业科学院　中国热带作物学会　组织编写

密克罗尼西亚常见植物图鉴系列丛书

总主编：刘国道

General Editor : Liu Guodao

# 密克罗尼西亚联邦
# 农业病虫草害原色图谱

Field Guide to Plant Diseases, Insect Pests and Weeds in FSM

唐庆华　游　雯　黄贵修　杨虎彪　主编

Editors in Chief : Tang Qinghua  You Wen  Huang Guixiu  Yang Hubiao

中国农业科学技术出版社

图书在版编目（CIP）数据

密克罗尼西亚联邦农业病虫草害原色图谱 / 唐庆华等主编 . —
北京：中国农业科学技术出版社，2019.4
（密克罗尼西亚常见植物图鉴系列丛书 / 刘国道主编）
ISBN 978-7-5116-4141-0

Ⅰ.①密… Ⅱ.①唐… Ⅲ.①作物—病虫害防治—密克罗尼西亚
联邦—图集 Ⅳ.① S435-64

中国版本图书馆 CIP 数据核字（2019）第 072224 号

**责任编辑**　徐定娜
**责任校对**　贾海霞

出 版 者　中国农业科学技术出版社
　　　　　　北京市中关村南大街 12 号　邮编：100081
电　　话　（010）82109707（编辑室）（010）82109702（发行部）
　　　　　　（010）82109709（读者服务部）
传　　真　（010）82109707
网　　址　http://www.castp.cn
发　　行　各地新华书店
印 刷 者　北京科信印刷有限公司
开　　本　787 mm×1 092 mm　1 /16
印　　张　12.5
字　　数　295 千字
版　　次　2019 年 4 月第 1 版　2019 年 4 月第 1 次印刷
定　　价　68.00 元

# 《密克罗尼西亚常见植物图鉴系列丛书》

## 总　主　编：刘国道

# 《密克罗尼西亚联邦农业病虫草害原色图谱》
# 编写人员

主　　　编：唐庆华　　　游　雯　　　黄贵修　　　杨虎彪

副 主 编：李博勋　　　李朝绪　　　王媛媛

编写人员：（按姓氏拼音排序）

| | | | |
|---|---|---|---|
| 陈　刚 | 范海阔 | 冯艳丽 | 付　岗 |
| 弓淑芳 | 韩冬银 | 郝朝运 | 胡美娇 |
| 黄贵修 | 李博勋 | 李朝绪 | 李伟明 |
| 李增平 | 刘国道 | 孙世伟 | 覃伟权 |
| 唐庆华 | 王清隆 | 王媛媛 | 谢昌平 |
| 杨德洁 | 杨光穗 | 杨虎彪 | 游　雯 |
| 余凤玉 | 詹儒林 | 郑小蔚 | |

摄　　　影：黄贵修　　　唐庆华　　　杨虎彪　　　李朝绪

　　本书编写过程中得到了中国热带农业科学院环境与植物保护研究所符悦冠研究员、赵冬香研究员、杨毅副研究员以及中国热带农业科学院热带生物技术研究所蒲金基研究员、伍苏然、张雨良等同志的热心支持，广东省农业科学院植物保护研究所程保平博士也给予了柑橘病害方面的帮助，在此一并表示衷心感谢！

序

  太平洋岛国地区幅员辽阔，拥有3 000多万平方千米海域和1万多个岛屿；地缘战略地位重要，处于太平洋东西与南北交通要道交汇处；自然资源丰富，拥有农业、矿产、油气等资源。2014年习近平主席与密克罗尼西亚联邦（下称"密联邦"）领导人决定建立相互尊重、共同发展的战略伙伴关系，翻开了中密关系新的一页。2017年3月，克里斯琴总统成功对中国进行访问，习近平主席同克里斯琴总统就深化两国传统友谊、拓展双方务实合作，尤其是农业领域的合作达成广泛共识，为两国关系发展指明了方向。2018年11月，中国国家主席习近平访问巴布亚新几内亚并与建交的8个太平洋岛国领导人举行了集体会晤，将双方关系提升为相互尊重、共同发展的全面战略伙伴关系，开创了合作新局面。

  1998年，中国政府在密联邦实施了中国援密示范农场项目，至今已完成了10期农业技术合作项目。2017—2018年，受中国政府委派，农业农村部直属的中国热带农业科学院，应密联邦政府要求，在密联邦开展了农业技术培训与农业资源联合调查，培训了125名农业技术骨干，编写了《密克罗尼西亚联邦饲用植物图鉴》《密克罗尼西亚联邦花卉植物图鉴》《密克罗尼西亚联邦药用植物图鉴》《密克罗尼西亚联邦果蔬植物图鉴》《密克罗尼西亚联邦椰子种质资源图鉴》和《密克罗尼西亚联邦农业病虫草害原色图谱》等系列著作。

  该系列著作采用图文并茂的形式，对492种密联邦椰子、果蔬、花卉、饲用植物和药用植物等种质资源及农业病虫草害进行了科学鉴别，是密联邦难得一见的农业资源参考文献，是中国政府援助密联邦政府不可多得的又一农业民心工程。

　　值此中国—太平洋岛国农业部长会议召开之际，我对为该系列著作做出杰出贡献的来自中国热带农业科学院的专家们和密联邦友人深表敬意和祝贺。我坚信，以此系列著作的出版和《中国—太平洋岛国农业部长会议楠迪宣言》的发表为契机，中密两国农业与人文交流一定更加日益密切，一定会结出更加丰硕的成果。同时，我也坚信，以中国热带农业科学院为主要力量的热带农业专家团队，为加强中密两国农业发展战略与规划对接，开展农业领域人员交流和能力建设合作，加强农业科技合作，服务双方农业发展，促进农业投资贸易合作，助力密联邦延伸农业产业链和价值链等方面做出更大的贡献。

中华人民共和国农业农村部副部长：

2019 年 4 月

位于中北部太平洋地区的密克罗尼西亚联邦，是连接亚洲和美洲的重要枢纽。密联邦海域面积大，有着丰富的海洋资源、良好的生态环境以及独特的传统文化。

中密建交 30 年来，各层级各领域合作深入发展。党的十八大以来，在习近平外交思想指引下，中国坚持大小国家一律平等的优良外交传统，坚持正确义利观和真实亲诚理念，推动中密关系发展取得历史性成就。

中国政府高度重视发展中密友好关系，始终将密联邦视为太平洋岛国地区的好朋友、好伙伴。2014 年，习近平主席与密联邦领导人决定建立相互尊重、共同发展的战略伙伴关系，翻开了中密关系新的一页。2017 年，密联邦总统克里斯琴成功访问中国，习近平主席同克里斯琴总统就深化两国传统友谊、拓展双方务实合作达成广泛共识，推动了中密关系深入发展。2018 年，习近平主席与克里斯琴总统在巴新再次会晤取得重要成果，两国领导人决定将中密关系提升为全面战略伙伴关系，为中密关系未来长远发展指明了方向。

1998 年，中国政府在密实施了中国援密示范农场项目，至今已完成 10 期农业技术合作项目，成为中国对密援助的"金字招牌"。2017 至 2018 年，受中国政府委派，农业农村部直属的中国热带农业科学院，应密联邦政府要求，在密开展了一个月的密"生命之树"椰子树病虫害防治技术培训，先后在雅浦、丘克、科斯雷和波纳佩四州培训了125 名农业管理人员、技术骨干和种植户，并对重大危险性害虫——椰心叶甲进行了生物防治技术示范。同时，专家一行还利用培训班业余时间，不辞辛苦，联合密联邦资源和发展部及广大学员，深入田间地头开展椰子、槟榔、果树、花卉、牧草、药用植物、瓜菜和病虫草害等农业资源调查和开发利用的初步评估,组织专家编写了《密克罗尼西亚联邦饲用植物图鉴》《密克罗尼西亚联邦花卉植物图鉴》《密克罗尼西亚联邦药用植物图鉴》《密克罗尼西亚联邦果蔬植物图鉴》《密克罗尼西亚联邦椰子种质资源图鉴》《密克罗尼西亚联邦农业病虫草害原色图谱》等系列科普著作。

全书采用图文并茂的形式,通俗易懂地介绍了 37 种椰子种质资源、60 种果蔬、91 种被子植物门花卉和 13 种蕨类植物门观赏植物、100 种饲用植物、117 种药用植物和 74 种农作物病虫草害,是密难得一见的密农业资源图鉴。本丛书不仅适合于密联邦科教工作者,对于行业管理人员、学生、广大种植户以及其他所有对密联邦农业资源感兴趣的人士都将是一本很有价值的参考读物。

本丛书在中密建交 30 周年之际出版,意义重大。为此,我对为丛书做出杰出贡献的来自中国热带农业科学院的专家们和密友人深表敬意,对所有参与人员的辛勤劳动和出色工作表示祝贺和感谢。我坚信,以此丛书为基础,中密两国农业与人文交流一定会更加密切,一定能取得更多更好的成果。同时,我也坚信,以中国热带农业科学院为主要力量的中国热带农业科研团队,将为推动中密全面战略伙伴关系深入发展,推动中国与发展中国家团结合作,推动中密共建"一带一路"、共建人类命运共同体,注入新动力、做出新贡献。

中华人民共和国驻密克罗尼西亚联邦特命全权大使:黄峥

2019 年 4 月

　　密克罗尼西亚联邦位于赤道以北的西太平洋地区的加罗林群岛上，全国面积 803 平方千米，其中陆地面积 702 平方千米（约为海南省海口市面积的 30%）。密联邦属于典型的热带海洋性气候，终年阳光明媚、潮湿多雨，年降水量 4 400~5 000 毫米，年平均气温 27 ℃，一年四季气温变化不大。密联邦与海南省农业生产非常相似，主要作物有椰子、香蕉、面包树、番木瓜、菠萝、胡椒等。其中，椰子被称为生命之树（Tree of Life）。由于这些热带作物主要处于"野生"条件下生长，极少有规划地进行农业生产，加之气候特别适合病原物、害虫以及草类生长，因此面临产业规模化、病虫害草严重危害等问题。

　　2017 年 3 月 25 日，密联邦总统彼得·克里斯琴（Peter M. Christian）在"博鳌亚洲论坛"期间与中国热带农业科学院（以下简称中国热科院）领导专家会面，双方就该国椰子产业升级的问题进行了深入交流。彼得·克里斯琴总统介绍了密联邦椰子产业的发展情况。他希望与我院建立合作机制，一是派遣专家赴密联邦深入调研，在椰子良种良苗、栽培技术、种植管理等方面提供技术支撑；二是帮助培训农户，提高椰子种植管理和病虫害防控水平。2017 年 3 月 28 日克里斯琴总统对我国进行了国事访问，习近平总书记亲自接见并承诺将尽快予以技术支持。

　　彼得·克里斯琴总统的技术援助请求得到了中国政府的高度重视和支持。2017 年 11 月，中国农业部（现为农业农村部）委派本人带队到密联邦进行了为期 15 天的农业考察，并形成调查报告，根据密联邦实际情况撰写了培训项目计划并提交中国商务部。2018 年 5 月 10 日，根据《商务部关于下达 2018 年援外培训项目实施任务的通知》（商研援培联双〔2018〕16 号）文件精神，"2018 年密克罗尼西亚联邦椰子病虫害防治技术海外培训班"项目顺利获得批准，由中国热科院负责实施。中国热科院高度重视此次培训班，共派出以本人为团长的项目团队 12 人赴密，培训内容涉及椰子栽培、病虫害防控及农产品加工以及牧草、花卉等领域。培训班自 6 月 11 日至 7 月 5 日，历时 25 天，先后在密联邦雅浦、丘克、科斯雷和波纳佩 4 个州进行培训，共培训了政府农业官员、农场主、密克学院教师等共计 125 名学员。这是中国热科院培训项目专家组成员最多、历时最长的一次国际培训，效果明显，受到了当地政府和民众的好评。

除了课堂培训，在当地官员和技术人员带领下，团队成员分别对 4 个州的椰子生产、病虫害以及作物资源等基本情况进行深入考察，然后更有针对性地进行备课、授课以及田间实习、指导，传授椰子品种识别、丰产栽培、综合加工和椰园间作、病虫害综合防控等实用技术。

为了满足密联邦农业发展需求，提高其农作物的整体生产技术水平，中国热科院组织培训团队骨干专家根据密联邦农作物生产、病虫害发生情况，结合我们多年研究成果和实践经验，组织编写了《密克罗尼西亚联邦农业病虫草害原色图谱》一书。该书所编著的大部分病虫草在密国为害较重，少部分为世界热带农业重要病虫害，同时将一些该国常见的其他植物病虫害列在附录二中，可供进一步鉴定和研究。全书内容涉及椰子、槟榔、香蕉、芒果、木薯、咖啡、胡椒等重要经济作物以及部分蔬菜和花卉病虫草害，紧贴密联邦生产实际，深入浅出，图文并茂，且大部分图片是在密联邦拍摄，密联邦技术人员可根据相关介绍进一步学习和开展研究。

本书由培训团队骨干专家主笔，十余名植物保护方面的专家或参与了书稿撰写、校对工作或提供了相关资料和照片，在此表示衷心感谢。由于时间仓促，书中难免有错误之处，敬请读者予以指正。密联邦也可根据本书内容编写相关教材，培养更多农业栽培、植保等方面专业人才，从而保障密联邦农作物安全、高效生产。

2019 年时值中国与密联邦建交 30 周年，正如本书封面的中密友谊桥。谨以此书向中密友谊献礼，祝愿中密友谊弥久长存，硕果累累。

本书得到"一带一路"热带项目资金资助。

总主编：刘国道

2018 年 11 月

# 目  录

# 棕榈植物病虫害

# ● 椰子病害

## 椰子泻血病 Coconut stem bleeding

### 1. 分布与危害

泻血病是椰子树的一种常见病害，在世界各椰子种植区均有发生。该病最早在斯里兰卡报道，印度、菲律宾、马来西亚和特立尼达岛等地都有发生。调查发现，该病在密克罗尼西亚联邦的科斯雷州 De Blois Point 附近有为害，已有数十株椰子树感染此病，部分死亡植株已被砍伐。

### 2. 田间症状

该病害症状主要表现在树干茎部。初期茎部出现细小变色的凹陷斑点，病斑扩大后可汇合，在树干上形成大小不一的裂缝，小裂缝连成大裂缝。随着病情的发展，茎干内纤维素开始解体、腐烂，从裂缝处流出红褐色的黏稠液体。干后呈黑色，裂缝组织腐烂。严重时叶片变小，继而树冠凋萎，叶片脱落，整株死亡。

### 3. 病原学

病原学菌为奇异长喙壳菌 *Ceratocystis paradoxa*（Dade）Moreau，为子囊菌门、核菌纲、球壳目、长喙壳属真菌。病原菌子囊壳长颈瓶状，长颈顶端孔口裂成须状，大小为（1 000~1 450）μm×（200~340）μm；子囊棍棒形，大小 26 μm×10 μm；子囊孢子无色，椭圆形，大小为（6.0~10.0）μm×（2.5~4.0）μm，内生 8 个椭圆形单细胞的子囊孢子。无性态为奇异根串珠霉 *Thielaviopsis paradoxa*（de Seynes）von Hohnel，属半知菌类、丝孢纲、丝孢目、暗色菌科、根串珠霉属真菌。无性态产生小型分生孢子和厚垣孢子，前者短圆筒形或长方形，单胞，壁薄，初无色，后变褐色，内生，大小（6.3~10.6）μm×（4.3~6.3）μm。分生孢子梗自菌丝侧生，无色至淡榄色，不分枝。厚垣孢子球形至椭圆形，壁厚，黄棕色至黑褐色，排列成链状，大小（11.3~17.6）μm×（8.1~13.1）μm，在较短的孢子梗上产生，能抵御外界不良环境，在土壤中休眠可达 4 年以上。用 PDA 培养基 25 ℃培养时，菌落初为灰白色，后变黑色，菌落平展，扩展迅速。

### 4. 发生规律

病原菌以菌丝体或厚垣孢子在病组织中或土壤里越冬，厚垣孢子可在土中长时间存活，借气流或雨水溅射及昆虫传播，遇到寄主组织时产生芽管，从伤口侵入为害。病原菌侵入后，只要环境温暖潮湿，病害即迅速发展。高温干旱发病较轻，当遇有暴风雨或台风后，发病率升高。春季温度高于 19 ℃且有较长时间的阴雨，发病加重。此外，土壤黏重、板结、低洼积水的椰园易发病。

**5. 防治措施（推荐）**

（1）加强栽培管理

避免在树干上造成机械损伤。合理施肥，于 9 月在每株椰子树基部施用 5 kg 有机肥和 5 kg 含拮抗木霉的印楝素饼。旱季注意浇水，雨季做好排水工作。

（2）化学防治

挖除病组织，并集中烧毁，对处理过的伤口用 5% 克啉菌（十三吗啉）（100 mL 水加 5 mL 克啉菌）消毒，2 d 后涂上波尔多液进行保护；为防止病害沿着树干向上蔓延，可用 5% 克啉菌每年灌根 3 次。

**6. 附　图**

| 裂缝中流出红褐色黏稠液体（唐庆华摄） | 黏稠液体干后变黑（唐庆华摄） | 黏稠液体变黑（黄贵修摄） |

通常是树冠外层叶片先枯萎（黄贵修摄）

少数情况是心叶先感染死亡（黄贵修摄）

植株心叶感染死亡（黄贵修摄）

死亡植株遭砍伐（唐庆华摄）

死亡植株遭砍伐（唐庆华摄）

死亡植株遭砍伐后只留下树桩（黄贵修摄）

科斯雷州泻血病发病中心（黄贵修摄）

唐庆华博士向学员讲解泻血病（黄贵修摄）

# 椰子致死性黄化病 Coconut lethal yellowing

## 1. 分布与危害

椰子致死性黄化病是一种毁灭性病害，对全球椰子产业构成了严重威胁，中国已将其列入检疫性有害生物。椰子致死性黄化病是 1955 年 Nutman 和 Roberts 首次描述加勒比海、牙买加西部地区发生的一种椰子黄化型毁灭性病害时采用的名称。该病在加勒比海地区至少已有 100 年的历史，在西非也有 50 年的历史。目前，该病分布于拉丁美洲的开曼群岛、巴哈马群岛、古巴、多米尼加、海地、美国佛罗里达州南部地区，非洲和西印度群岛、亚洲的印度尼西亚、马来西亚等地也有发生。调查发现，在密克罗尼西亚联邦的丘克州发现有疑似病树。

## 2. 田间症状

椰子致死性黄化病是一种发病迅速的致死性病害，从表现症状到整株死亡，一般只需要 3~6 个月。各龄椰子树均可感病。病害早期的典型症状为花序干枯。发病初期，顶部复叶有褐色枯死斑，病斑可扩展至未展开的羽状复叶上，再向下扩展最后可引起生长点死亡，未成熟的椰子果脱落。开花的花序轴从顶端开始坏死、变黑，佛焰苞未成熟就提前开放，随后凋萎、落花、落果。叶片黄化多从较下层的叶片开始表现，随后迅速发展到整株叶片，直至脱落。嫩芽感染后出现不规则的褐色水渍状条斑，症状逐渐发展为芽腐，腐烂的芽有恶臭味，此时新生叶很容易剥离。叶片呈现黄化症状时根系坏死，不久腐烂。叶片黄化症状是植原体侵入根系后导致植株一系列生理、生化反应变化的结果。

通常症状发展过程为大多数感病植株的果实提前脱落，新开的花序变黑；从下部叶片到上部叶片逐渐黄化；小叶死亡、脱落，可能仅留少量绿叶或整个树冠脱落，仅剩下光秃秃的树干。

**3. 病原学**

椰子致死性黄化病病原为椰子致死性黄化植原体（coconut lethal yellowing *phytoplasma*），属原核生物域、细菌界、真细菌类、革兰氏阳性真细菌组、植原体属棕榈植原体组 16Sr IV。

椰子致死性黄化植原体颗粒由三层结构组成，即两层电子密集层，中间隔一层透明层。椰子致死性黄化植原体存在于感病椰子树韧皮部筛管的细胞内，丝状、念珠状及近球状，大小为 400~2 000 nm。在新近成熟的韧皮部筛管细胞中常可发现植原体，而在薄壁组织细胞内则观察不到植原体存在。

**4. 发生规律**

在自然条件下，椰子致死性黄化病靠媒介昆虫麦蜡蝉 *Myndus crudus* 传播。某些叶蝉（*Gypona* sp.）也可能传播椰子致死性黄化病，理由是这些叶蝉在美洲的地理分布与椰子致死性黄化病的分布相吻合。

据报道，在非洲，叶蝉 *Myndus adiopodoumeensis* 可能是该病的传播媒介昆虫；化学防治传播昆虫可明显降低病害的传播速度。在国际贸易中带病的植物材料，包括观赏树种，也可能携带并传播椰子致死性黄化植原体。

**5. 防治措施（推荐）**

（1）检疫措施

加强检疫，严禁带病的椰子种质材料引种到密克罗尼西亚联邦。

（2）农业防治

加强田间管理，及早清除病叶、病枝，重病树须及时砍伐烧毁。

（3）种植抗病品种

种植抗病品种是最经济有效的防控方法。马来西亚的矮种椰子（黄、红或绿果类型）抗性较强，现已在牙买加和美国佛罗里达州大规模栽植，但这些矮种椰子对干旱、虫害和台风等环境胁迫相当敏感，已逐渐被杂交种"Maypan"所替代。Maypan 是牙买加育种家通过将马来西亚矮化品种（红黄型）与 Panama 高种椰子杂交得到的，推荐可以引进。

（4）药剂防治

轻病株可注射四环素抑制病害发生，每株病树进行保护性注射 1~3 g 可降低病害蔓延速度 3~5 倍；用盐酸土霉素注射液进行树干注射处理能够抑制症状，处理后的植株可重新生长，每 4 个月处理一次能保持植株不表现症状；用杀虫剂防治介体叶蝉能抑制或降低病害的传播速度。

## 6. 附 图

椰子致死性黄化病摧毁椰园
（墨西哥 Daniel Zaizumbo-Vilarreal 教授提供）

疑似椰子致死性黄化病，发病植株树冠下层叶片黄化
（黄贵修摄）

健康与染病植株同框（黄贵修摄）

丘克州 Blue Lagoon Resort 酒店内疑似椰子致死性黄
化病具有发病中心（黄贵修摄）

疑似椰子致死性黄化病，发病椰园部分椰树死亡
（黄贵修摄）

疑似椰子致死性黄化病，发病椰园部分椰树死亡
（黄贵修摄）

椰子树树冠下层叶片首先黄化（黄贵修摄）

幼龄椰子树亦有发病（黄贵修摄）

幼龄椰子树亦有发病（黄贵修摄）

幼龄椰子树亦有发病（黄贵修摄）

# 椰子灰斑病 Coconut gray leaf spot

### 1. 分布与危害

椰子灰斑病分布广泛，所有椰子种植区均有发生。该病在中国椰子种植区是一种常发性病害，在密克罗尼西亚联邦的雅浦州、丘克州、科斯雷州和波纳佩州均有分布。

### 2. 田间症状

受害叶片斑点累累，影响叶片光合作用；重病时叶片干枯、凋萎、提早脱落。在苗期或幼树期，染病植株长势衰弱，严重时导致整株死亡；成龄树影响开花、结果，导致减产。该病大多数发生在较老的下层叶片或外轮叶片上，嫩叶很少发病。最初在小叶上出现黄色小斑，外围有灰色条带，这些斑点最后汇合在一起形成大的病斑，病斑中央逐渐变成灰白色，灰色条带变成黑色，外围有黄色晕圈；重病时整张叶片干枯萎缩，似火烧状。在褐色病斑上散生有黑色、圆形、椭圆形或不规则的小黑点。

**3. 病原学**

病原菌为半知菌类，腔孢纲，黑盘菌目的拟盘多毛孢菌 *Pestalotiopsis palmarum*（Cooke）Steyaert。在 PDA 培养基上菌落圆形，排列紧密，质地均匀，紧贴平板，菌丝白色，产生黑色分生孢子。分生孢子盘球形至椭圆形，分生孢子梗无色，圆柱形至倒卵圆形，（5~18）μm×（1.5~4）μm。分生孢子纺锤形，直，极少弯曲，（17~25）μm×（4.5~7.5）μm，顶部有 2~3 根附属丝，少数为 2 根或 4 根，长 5~25 μm，基部附属丝长 2~6 μm。有性世代为棕榈亚隔孢壳菌 *Didymella cocoina*，Sechet 属子囊菌门真菌。

**4. 发生规律**

该病全年均可发生，尤其是高湿条件有利病害发生。管理粗放，树势弱的椰园发病重；育苗时过度拥挤此病蔓延迅速；病原菌以菌丝体和分生孢子盘在病叶、病落叶残体上越冬，次年产生分生孢子，借风雨传播；偏施氮肥加重发病。该菌除危害椰子树外，还可危害油棕、槟榔等棕榈科植物。

**5. 防治措施（推荐）**

（1）加强栽培管理

苗期避免种苗过密并做好遮阴措施；种植密度一般为每公顷种植椰子 165~210 株；不宜偏施氮肥，宜增施钾肥；清除病叶集中烧毁。

（2）化学防治

发病初期可选用 50% 克菌丹可湿性粉剂、50% 王铜可湿性粉剂、1% 波尔多液、70% 甲基托布津可湿性粉剂、80% 代森锰锌可湿性粉剂、50% 异菌脲可湿性粉剂等药剂喷雾，每 7~14 d 喷施 1 次，连续喷 2~3 次可有效防治该病；发病严重时，先把病叶清除干净，然后再喷施以上药剂。

**6. 附　图**

椰子灰斑病为害叶片（唐庆华摄）　　　椰子灰斑病为害叶片（唐庆华摄）

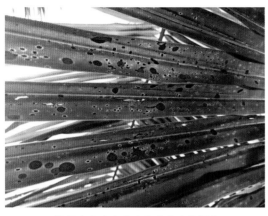

椰子灰斑病为害叶片（黄贵修摄）　　　　椰子灰斑病为害叶片（黄贵修摄）

# 椰子炭疽病 Coconut anthracnose

**1. 分布与危害**

椰子炭疽病是椰子树上的一种常见病害。调查发现，在美国关岛，密克罗尼西亚联邦的雅浦州、丘克州、科斯雷州和波纳佩州均有发生。

**2. 田间症状**

初期出现小的、水渍状、墨绿色，约1~2 mm宽的斑点。病斑扩大成圆形，病斑中央由棕褐色转为浅褐色，边缘水渍状。随着病斑的扩展，病斑中心由浅褐色转为乳白色，一些病斑边缘呈黑色。多数圆形病斑宽3~7 mm，随着病斑连接在一起，坏死面积增大。展开的嫩叶上病斑扩大。

嫩叶容易感病，老叶比较抗病。叶片老化后，病斑扩展速度减慢。但是如果湿度足够大，新孢子继续产生，形成比较大的、边缘黑色，周围有大量黑色小点的大斑。在老叶上，病斑不再扩展，叶片大部分被数百个病斑覆盖，整个叶片表面黄化坏死，单个斑点也会发生黄化。叶柄和叶鞘也会被侵染。典型病斑是长约5~10 mm，褐色到灰白色，边缘褐色到黑色的病斑。

**3. 病原学**

病原为胶孢炭疽菌 *Colletotrichum gloeosporiodes* Penz.。病原菌无性阶段半知菌类，腔孢纲，黑盘孢目，黑盘孢科，炭疽菌属。分生孢子盘的顶部无色，短棒状。分生孢子长圆形或圆筒形，无色，单胞，长13.5~17.7 μm，宽为4.3~6.7 μm，有油球或无。有性阶段子囊菌门，小丛壳属围小丛壳 *Glomerella cingulata*（Stonem.）Spauld et Schrenk。

**4. 发生规律**

叶片和叶鞘上的老病斑上会产生炭疽菌孢子，这些孢子通过雨水溅射传播到健康植株上。叶片保持湿润 12 h 以上，孢子就会萌发产生附着孢，附着孢使孢子牢牢吸附于叶片上，然后产生侵染菌丝，侵染菌丝穿透叶片表面，完成病原在叶片上的定殖，叶片出现褐色坏死或是叶斑。孢子也可通过风传播。苗圃工人清除病植物等人事操作或昆虫等也可传播。

**5. 防治措施（推荐）**

（1）加强田园卫生

把所有的坏死病叶和叶鞘清除干净，只有少量斑点的叶片或小叶也要清除干净，集中销毁。调节湿度是病害防治的重要措施，减少高空灌溉或是雨天湿度，以减少病原的传播，阻止孢子萌发，减少孢子产生。

（2）化学防治

化学防治可选用的药剂有 50% 咪鲜胺锰盐可湿性粉剂、80% 代森锰锌可湿性粉剂、50% 退菌特可湿性粉剂、70% 丙森锌可湿性粉剂、78% 代森锰锌·波尔多液可湿性粉剂、50% 嘧菌酯悬浮剂等药剂进行叶片喷雾。

**6. 附 图**

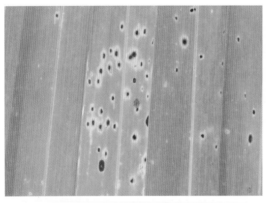

黄色晕圈环绕褐色病斑（唐庆华摄）

叶片上病斑累累（唐庆华摄）

炭疽病为害叶片（黄贵修摄）

炭疽病为害叶片（黄贵修摄）

病菌各种子实体（黄贵修摄）

# 马里亚纳椰甲 Mariana coconut beetle 及 深蓝椰甲 Blue coconut leaf beetle

马里亚纳椰甲 Mariana Coconut Beetle（*Brontispa mariana* Spaeth）和深蓝椰甲 Blue Coconut Leaf Beetle［*Brontispa* chalybepennis（Zacher）］隶属于鞘翅目（Coleoptera）、叶甲总科（Chrysomeloidea）、铁甲科（Hispidae）、铁甲亚科（Hispinae）。

**1. 识别特征**

马里亚纳椰甲成虫深棕色、有光泽，腹背扁平。雌虫体长在 8.5~10.5 mm，平均为 8.6 mm（不含触角），体宽约 2 mm；雄虫体长 6.7~9 mm，平均 7.5 mm，身宽约 2 mm；触角丝状，粗壮，共 11 节，长 1.8~2.3 mm；柄节长二倍于宽；第 7 至 11 段紧密相连，棒状。头部被压平，口部产生腹状突起，头前端有明显触角间突，雄虫触角突几乎是头部的一半，平截，而雌虫触角间突仅为头长的四分之一；头部的深度槽长通过中心，凹槽延伸到触角间的突起；复眼很大，黑色，头部有稀疏点状；胸部呈近长方形，顶角扩大，尤以雌虫为甚；后角有短刺；背板稀疏而深，边缘有较深的刻点，中间有相当大的无刻点区域。鞘翅，顶端稍膨大，翅上有 8 列刻点，侧缘向上；腿转节较短，腿节变粗；胫节前端有跗节；跗节扁平，有两个爪，覆盖着浓密的短柔毛。深蓝椰甲虫体颜色为深蓝色。

**2. 分　布**

马里亚纳椰甲在密克罗尼西亚联邦的雅浦州、马里亚纳群岛和卡罗琳群岛有广泛的分布。调查发现深蓝椰甲 *B. chalybepennis*（Zacher）在波纳佩州有分布，有记录该虫在美国关岛也有分布。

**3. 危害特征**

马里亚纳椰甲是密克罗尼西亚联邦部分岛屿，特别是马里亚纳群岛的塞班岛和罗塔岛椰子树的一种重要害虫。因该虫的严重为害，致使当地大量椰子树死亡，椰子油生产企业几近倒闭毁灭。马里亚纳椰甲和深蓝椰甲的为害症状与椰心叶甲十分相似。目前，文献记录马里亚纳椰甲可为害椰子和槟榔；深蓝椰甲可为害椰子、*Exorrhiza ponapensis*、露兜树属植物。

**4. 防治措施**

（1）检疫措施

禁止从疫区国家和地区进口椰子等棕榈科植物的成株、种苗以及果实。

（2）化学防治

对于幼苗和矮株椰子或其他棕榈植物，可悬挂椰甲清药包于未展开的心叶部位；也可用化学农药进行喷洒或滴灌植株心叶。喷施高效氯氰菊酯、功夫菊酯、辛硫磷、敌百虫均可有效杀死成虫和幼虫。

（3）生物防治

生防资源主要是寄生蜂、绿僵菌和一些捕食性天敌。预计椰心叶甲卵寄生蜂椰心叶甲啮小蜂 *Hispidophila*（Haeckeliana）*brontispae* Ferriere、幼虫和蛹寄生蜂有椰甲截脉姬小蜂 *Asecodes hispinarum* Bouček 可用于两种椰甲虫的防治捕食性天敌有蚂蚁、蜘蛛等。

**5. 附　图**

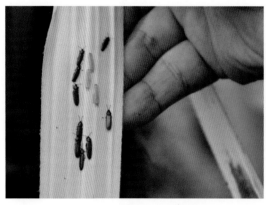
马里亚纳椰甲成虫（王清隆摄）

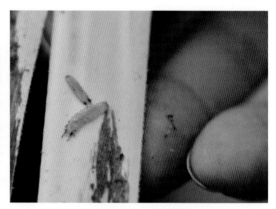
马里亚纳椰甲幼虫（王清隆摄）

马里亚纳椰甲成虫正面形态
（郝朝运摄）

马里亚纳椰甲成虫背面形态
（郝朝运摄）

马里亚纳椰甲幼虫形态
（郝朝运摄）

黄贵修研究员调查马里亚纳椰甲虫（王清隆摄）

马里亚纳椰甲虫调查及拍照（杨虎彪摄）

马里亚纳椰甲为害椰子心部（唐庆华摄）

椰甲为害科斯雷机场附近椰子（唐庆华摄）

深蓝椰甲为害波纳佩机场附近椰子（唐庆华摄）

深蓝椰甲为害机场附近椰子（黄贵修摄）

深蓝椰甲藏匿在椰子心叶中为害（黄贵修摄）

深蓝椰甲成虫（黄贵修摄）

培训课间教学员辨别椰甲（王媛媛摄）

椰甲成虫诊断（王清隆摄）

李朝绪副研究员示范悬挂药包（刘国道摄）

椰甲虫监控示范基地合影（范海阔摄）

椰甲虫监控示范基地合影（陈刚摄）

刘国道副院长与密官员亲切交流（陈刚摄）

# 二疣犀甲 *Oryctes rhinoceros*

二疣犀甲 *Oryctes rhinoceros* L. 属鞘翅目（Coleoptera），金龟科（Scarabaeidae）昆虫，又名二疣独角仙、椰蛀犀金龟。

**1. 形态特征**

（1）成　虫

雄虫较大，体长 33.2~45.9 mm，前胸宽 14.0~18.7 mm。雌虫一般较雄虫小，体长 38.0~43.0 mm，前胸宽 15.0~18.0 mm。雌、雄体表均为黑褐色，光滑，有光泽；腹面稍带棕褐色，有光泽。头小，背面中央有一长 3.5~7.5 mm 微向后弯的角状突，雄虫突起长于雌虫突起，头部腹面被褐色短毛，唇基前缘分两叉，端部向上反转。前胸背板大，自前缘向中央形成 1 大而圆形的凹区。凹区四周高起，后缘中部向前方凸出两个疣状突起。鞘翅密布不规则的粗刻点，并有 3 条平滑的隆起线，在线的会合处较宽而且光滑。前足胫节有 4 个外齿和 1 个端刺。雄虫腹部腹面各节近后缘疏生褐色短毛列，末节近于新月形。雌虫腹部腹面被较密的褐色毛，末节略呈三角形，背板密生褐色毛。

（2）幼　虫

蛴螬型。共分 3 龄。末龄幼虫体长 45~70 mm，头宽 9.5~12 mm，胸宽 17.5~21.5 mm。头部赤褐色，密生粗大刻点，体淡黄色。触角短小有毛，第 3 节下端突出，末端有 17~18 个泡状感觉器。前胸气门较腹部气门大，胸部背面有较长的刚毛。腹部各节密生短刺毛，肛门作"一"字形开口，无刚毛列。

（3）蛹

体长 45~50 mm，前胸宽 18~20 mm，腹部宽 21~25 mm，全体赤褐色。头部具有角状突起，雌蛹突起长度不及宽度的 2 倍，而雄蛹则达 3 倍以上。后翅端伸出鞘翅外方，达腹部第 5 节后缘。气门长椭圆形，开口大，尾节末端密生微毛。雄蛹臀节腹面有瘤状突起，雌虫则较为平坦。

（4）卵

椭圆形，初产时乳白色，大小为 3.5 mm× 2.0 mm；后期膨大为 4.0mm × 3.5 mm，颜色变为乳黄色，卵壳坚韧，有弹性。

**2. 分　布**

二疣犀甲为密克罗尼西亚联邦检疫性害虫，有文献记录已在该国发现为害。该虫在与密克罗尼西亚联邦贸易往来频繁的美国关岛，为害严重。目前，二疣犀甲主要分布在中国、关岛、塞班岛、帕劳、印度、斯里兰卡、马来西亚、印度尼西亚、巴布新几内亚、密克罗尼西亚联、马尔代夫、泰国、菲律宾、柬埔寨、老挝、越南、阿曼、西萨摩亚、塞舌尔等国家和地区。除椰子外，该虫还可为害槟榔、油棕、海枣、糖棕、贝叶棕等棕榈科植物，偶尔还可为害菠萝、剑麻、甘蔗、香蕉、芋和野露兜（俗称野菠萝）等经济作物。

**3. 为害特征**

二疣犀甲以成虫为害未展开的棕榈心叶、生长点、叶柄或树干，咬断或咬食其中的一部分。心叶尚未抽出时便被害时，抽出展开后叶端被折断或呈扇形，或叶片中间呈波纹状缺刻，受害较多时树冠变小而凌乱，影响植株生长和产量；生长点受害多致整株死亡；树干（幼嫩部分）受害留下孔洞为其他病虫害侵入提供条件。

**4. 生活习性**

二疣犀甲在中国海南1年发生1代，世代重叠。成虫和幼虫以6—10月发生量较多，成虫羽化时间大多数在上午9时至下午7时，初羽化的成虫在蛹室内停留5~26 d，然后外出活动，成虫属昼伏夜出型，黄昏开始活动。成虫期较长，可达数月乃至半年。成虫飞翔力强，一般一次飞翔距离200 m左右，顺风能飞9 km远，如果附近有取食作物和繁殖场所存在，则不作远距离飞翔。成虫多选择多汁植株的心叶为害，咬坏心叶和叶柄，深达5~30 cm，食其汁液。取食时留下撕碎的残渣碎屑于洞外，依此可发现此虫为害。成虫取食时一般在植株上潜居为害20~60 d后方飞回繁殖场所交配产卵。

成虫在室内饲养的情况下，寿命一般为80~93 d，个别可达180 d。雌虫一生交配最多可达8次。每头雌虫一生可产卵90~100粒，最多达152粒。卵多散产于腐烂的有机物中。幼虫孵化后取食腐烂的有机物质。其发育温度范围为16~49 ℃，适宜温度范围为32~40 ℃。在22~38 ℃的饲养条件下，卵期8~12 d；幼虫分3龄，1龄幼虫一般经历18~24 d，最长33 d；2龄一般22~26 d，最长52 d；3龄幼虫一般86~184 d，最长225 d。幼虫老熟后就在取食场所做茧化蛹。蛹期一般90~120 d；幼虫主要生活在新腐烂的槟榔干、椰子干、椰树桩、椰糠及牛粪堆或腐殖质中，并常常集中取食。在适宜的温度条件下，幼虫期将近1年，如条件不利，还可长达1年以上。

**5. 防治措施（推荐）**

（1）农业防治

加强田间卫生管理、清除二疣犀甲的繁殖场所是最重要和最有效的防治措施。

（2）物理防治

① 潜所诱杀：利用成虫喜爱在腐殖质堆上产卵的习性，用牛粪或劈成两半的新腐烂疏松的椰树干（以平的一面接触地面）引诱成虫前来产卵繁殖，然后进行诱杀。② 诱捕器诱杀：将二疣犀甲聚集信息素诱芯悬挂在置于1米高的诱捕器挡板上部，成虫飞来后撞在挡板上后落入诱捕器水中，然后人工捕捉；利用诱捕器诱杀要定期清洗，以保证诱捕效果，从而降低当地的二疣犀甲成虫密度；利用信息素可以大量诱集二疣犀甲成虫，故可用

来防治和监测二疣犀甲的成虫动态。③汞灯诱杀：汞灯光也对其有较好的引诱效果。

（3）生物防治

可利用的天敌资源有杆状病毒、绿僵菌、白僵菌等。

（4）化学防治

将甲敌粉和泥沙以 1∶20 的比例混合后，撒施到定植的幼苗心叶，每株撒施 50 g 左右，有一定的防治效果。

**6.附　图**

二疣犀甲为害椰子（黄贵修摄）

二疣犀甲成虫（唐庆华摄）

二疣犀甲调查（唐庆华摄）

二疣犀甲调查（唐庆华摄）

# 椰园蚧 *Aspidiotus destructor*

椰园蚧 *Aspidiotus destructor* Signoret 属同翅目（Homoptera），盾蚧科（Diaspididae）昆虫。

**1.形态特征**

（1）成　虫

雌虫介壳淡黄色，质薄，半透明，中央有黄色小点 2 个；雌虫虫体在介壳下面呈卵圆形，稍扁平，黄色，前端稍圆，后端稍尖，平均直径为 1.5 mm，长 1.1 mm，介壳与虫体易分离。雄成虫介壳椭圆形，黄色，中央仅有黄色小点一个；雄成虫橙黄色，具半透明翅一对，体长 0.7 mm，复眼黑褐色，翅半透明，腹末有针状交配器。

（2）卵

长 0.1 mm，浅黄色，椭圆形。

（3）若虫

初孵时浅黄绿色，后呈黄色，椭圆形，较扁，眼褐色，触角 1 对，足 3 对，腹末生 1 尾毛。

**2.分布**

椰园蚧在密克罗尼西亚联邦主要分布在雅浦州、科斯雷州和波纳佩州。中国、日本、东南亚、南亚、俄罗斯、西班牙、葡萄牙、非洲、中南美洲、美国、澳洲、大洋洲群岛等国家和地区也有报道发生为害。该虫寄主范围广，可为害椰子、槟榔、垂叶棕榈、棕竹、苏铁、黄椰子、番荔枝、人心果、山茶、茶、木瓜、樟树、柑桔属、素心兰、毛柿、重瓣朱槿、日本女贞、忍冬、山桂花、檬果、黄玉兰、桑属、小笠原露兜树、林投、番石榴等热带植物。

**3.为害特征**

若虫和雌成虫附着在叶片背面、枝梢或果实表面，口针插入组织中吮吸汁液，被害叶片正面有黄色不规则斑纹，虫量多时，损害严重。

**4.生活习性**

椰园蚧在密克罗尼西亚联邦的世代情况有待研究。在中国浙江，该虫年生 3 代，盛孵期分别在 4 月底 5 月初，7 月中下旬，9 月底 10 月初。在中国福建，该虫年生 4 代，闽南冬季有第一龄若虫与成熟成虫及雄蛹同在，第一代于 1 月下旬前后孵化，第二代若虫开始出现于 5 月间。而在中国热带地区，该虫年生 7~12 代，一世代 30~45 d；每雌产卵 100 多粒，初孵若虫向新叶或果上爬动，固定为害，繁殖很快，易造成严重为害。

**5.防治措施（推荐）**

（1）农业防治

剪除严重受害叶片，并带出焚毁。

（2）化学防治

在若虫盛孵末期及时喷洒 50% 马拉硫磷乳油 800 倍液或 50% 辛硫磷乳油、25% 爱卡士乳油、25% 扑虱灵可湿性粉剂 1 000 倍液有良好的效果。

（3）生物防治

保护和利用自然天敌并释放部分优势种天敌是控制椰园蚧为害的重要措施之一。主要天敌有寄生蜂、瓢虫、步甲等，其中闪蓝红点唇瓢虫捕食率达 13.5%~16.6%。另外，细缘唇瓢、双目刻眼瓢虫、孟氏隐唇瓢虫和台毛艳瓢虫也是其重要天敌。

## 6. 附　图

椰园蚧为害叶片（李朝绪摄）

# 椰红蚧 Red coconut scale

椰红蚧 red coconut scale，属于半翅目（Hemiptera）、盾蚧科（Diaspididae），学名 *Furcaspis oceanica* Lindinger。

### 1. 形态特征

雌成虫长 1.2 mm，宽 0.8 mm，长宽比为 0.8，有 3 对明确的裂片；没有凸出的前皮毛，第 4 节；前缘平滑；前节在身体边缘中度裂开，向前到胸部，特别是在刚成熟的雌虫。有几个小骨干沿体边缘的裂片 3；最长的骨干通常在裂片 1 和 2 之间的小叶间隙，长于中间裂片的长度。正中裂片顶部圆形，略长于宽（长 / 宽 =1.2），中间叶宽 1.3 倍，每个正中叶内侧边缘附着小骨干，中间裂片之间有 1 条长骨干；第二叶略大于正中裂片，形状相同；第三裂片形状相同，但稍大；第四和第五裂片显然是上述一系列点的一部分。板宽，通常具三叉状先端。

### 2. 分　布

椰红蚧原产于加洛林群岛，美国关岛、密克罗西尼亚联邦已有分布。

### 3. 危害特征

椰红蚧主要在椰子叶柄和叶片上取食，其雌虫和若虫取食寄主的汁液，受为害的椰子叶最初看上去是红色到栗色，原因是蚧壳的的密布。随着为害的加重，受为害的叶子干枯，果实枯萎死亡。

### 4. 防治措施

（1）农业防治

剪除严重受害叶片，并带出焚毁。

（2）化学防治

在若虫盛孵末期及时喷洒 5% 甲氨基阿维菌素苯甲酸盐 25% 扑虱灵可湿性粉剂有良好的效果。

（3）生物防治

保护和利用自然天敌并释放部分优势种天敌是控制椰红蚧为害的重要措施之一。主要天敌有寄生蜂、瓢虫、步甲等，大洋阿德跳小蜂 *Adelencyrtus oceanicus* 对椰红蚧的田间寄生率约为 20%。

### 5. 附　图

椰红蚧为害椰子叶片初期（李朝绪摄）

椰红蚧为害椰子叶片后期（李朝绪摄）

椰红蚧为害叶片（杨虎彪摄）

椰红蚧为害果实及叶柄（杨虎彪摄）

椰红蚧为害叶片（唐庆华摄）

椰红蚧为害叶柄（唐庆华摄）

波纳佩州机场附近椰子普遍被害（王清隆摄）

叶片正面受害状（杨虎彪摄）

果柄受害状（黄贵修摄）

椰树受害后果实常变为褐色（黄贵修摄）

# 椰子扁蛾 Coconut flat moth

椰子扁蛾 coconut flat moth 属于鳞翅目（Lepidoptera）、椰蛾科（Agonoxenidae），学名为 *Agonoxena pyrogramma* Meyr.。

**1. 形态特征**

成虫体色灰白色，体长 5~9 mm。触角向后，雌蛾产卵在小叶的背面，靠近叶尖，单粒或几粒在一起。幼虫体色绿色或者淡绿色，老熟幼虫体长可达 2 cm。

**2. 分　布**

椰子扁蛾主要分布在关岛、密克罗西尼亚、被马里亚纳群岛、巴布新几内亚和所罗门群岛。寄主植物有椰子和其他棕榈植物。

**3. 危害特征**

椰子扁蛾幼虫主要以小叶下部为食，幼虫吐丝将临近的两个小叶固定在一起，然后藏于叶片间进行取食。大量幼虫为害时可以看到叶片上有大片的灰白色食痕。老熟幼虫在在取食的叶片上利用叶片纤维吐丝结茧，将自身包围其中化蛹。

椰子扁蛾有时会成为椰子和其他棕榈树的严重害虫。为害从中老年叶片开始，在较老叶片上继续损害，在爆发期间影响多达 40% 的叶表面。一般而言，椰子叶受到的严重损害很可能会降低产量，但目前尚不清楚长时间内低水平损害的影响是什么。然而，这种危害有可能减缓幼苗的生长。在干季，椰子扁蛾对寄主植物的危害相对于雨季而言较重。

**4. 防治措施**

（1）生物防治

天敌资源主要为寄生蜂（小蜂科和茧蜂科），可寄生椰子扁蛾的幼虫或蛹。其他天敌资源还有蚂蚁、蜘蛛、寄生蝇。

（2）化学防治

如果椰子扁蛾暴发，可使用化学农药。苗圃中的幼苗可喷施烟碱类或拟除虫菊酯类农药。

**5. 附　图**

椰子扁蛾幼虫（李朝绪摄）

椰子叶片被危害状（李朝绪摄）

# 椰子粉蚧 Coconut mealybug

椰子粉蚧 coconut mealybug 也称为尖头粉蚧、鳄梨粉蚧、番荔枝粉蚧，学名 *nipaeco-nius nipae*（Maskel）。

**1. 形态特征**

雌成虫是该虫的最佳鉴定阶段。雌成虫的体长在 1.5~2.5 mm，呈椭圆形，呈红棕色至橙色，上面覆盖着一层黄橙色厚厚的蜡，边缘有 10~12 对金字塔状蜡丝。身体的背表面有五到八个蜡状细丝，类似于身体侧面或侧面的纤维。雌体内无卵囊或卵囊。雄虫是长方形的，比雌性小。雄性在成年前发育在非常薄的白色棉蜡茧中。

在前两个龄期中，雄性和雌性个体很难区分开来，但三龄雌性开始与成体相似。当幼体出现时，未成熟的雄性在羽翼成虫前的第三龄蛹茧内发生变化。

**2. 分　布**

该虫广泛分布在美洲、亚洲、大洋洲、非洲和欧洲。该虫可以危害 40 个科以上的植物，主要寄主有：三柱金旋铁、西谷椰子、蝎尾蕉、鳄梨、香蕉、兰花、俾格米棕、美丽针葵、加利福利亚扇棕、华盛顿棕、袖珍椰子、王棕、皇后葵、椰子、槟榔棕竹等咖啡、柠檬、葡萄等。

**3. 生活习性**

雌成虫和若虫以寄主植物的汁液为食。在取食过程中产生的蜜露分泌物可能会导致黑色的、灰暗的霉菌生长。霉菌的存在可能导致寄主光合作用减少，落叶，并偶尔死亡幼树。蚂蚁经常以蜜分泌物为食，也可能保护粉蚧免受捕食者或寄生蜂的攻击。

**4. 防治措施**

（1）农业防治

做好卫生工作，定期监测植物的叶片和茎干下部。修剪或清洗受侵染的植物部位有助于减少种群，喷雾也可以帮助清除植物中的粉蚧和减少种群。

（2）农业防治

在夏威夷和波多黎各，可利用寄生蜂 *Pseudaphycus utilis* Timberlake 进行生物防治。

**5. 附　图**

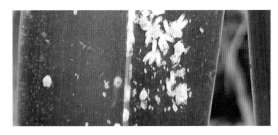

椰子粉蚧为害椰子叶片（李朝绪摄）

椰子粉蚧为害槟榔叶片（李朝绪摄）

# ● 槟榔病害

# 槟榔黄化病 Areca yellow leaf disease

### 1. 分布与危害

槟榔黄化病是制约中国和印度槟榔产业发展的最为严重的病害，该病在斯里兰卡亦有报道。槟榔黄化病发生的最早记录可追溯至 1914 年的喀拉拉邦的 Ernakualm、Maharashtra 州和 Tami1 Nadu 州等的局部地区。在印度，该病被称为 Kattuveezhcha 病、Chandiroga 或 Arasina roga 病。

1949 年印度喀拉拉邦中部的 Muvattupuzha、Meenachil 和 Chalakudi 等地区发生槟榔黄化病；至 60 年代，该病已经遍及整个喀拉拉邦，尤其是在奎隆（Quilon）地区，发病率高达 90%。

1976 年调查结果发现，喀拉拉邦发病率为 38.4%，卡纳塔克邦发病率为 24.4%。1987 年该病在 Sullia 和 Dakshina Kannada 地区暴发流行，发病 3 年后可造成果实减产 50%。在随后的几十年里，该病在印度其他槟榔种植区也逐渐流行起来，给印度槟榔产业造成了巨大损失。

在中国，该病最早报道见于 20 世纪 80 年代初的海南省屯昌县。1985 年以后，陆续在海南省屯昌县、万宁市等地发现为害。目前，该病已蔓延至海南省的琼海、万宁、陵水、琼中、三亚、乐东和保亭等市县，发病率一般为 10%~30%，重病区发病率高达 90%以上，造成减产 70%~80%，甚至绝产。

在密克罗尼西亚联邦的丘克州，调查发现一种症状类似槟榔黄化病的病害，其病原或病因尚待进一步确认。

### 2. 田间症状

印度槟榔黄化病。发病初期，心轴叶上出现直径为 1~2 mm 的半透明斑点，在未展开的叶片上产生与叶脉平行的褐色坏死条纹；叶片自叶尖开始黄化，并逐渐扩展到整叶，黄化部分与正常绿色组织的界限明显，在叶脉部位有清晰的绿色带，从而与生理性黄化症状区分开来；感病叶片短小、变硬，呈束状，叶片皱缩，最后完全脱落；节间缩短，树干缩小，花序停止发育；病树茎干松脆，输导组织变黑碎裂，侧根少，根尖褐色并逐渐腐烂；果实开始脱落，核仁褪色，不宜食用。

中国槟榔黄化病。田间症状可分为黄化型和束顶型两种。黄化型黄化病在发病初期，植株下层 2~3 片叶叶尖部分首先出现黄化，花穗短小，无法正常展开。结有少量变黑的果实，不能食用，常提前脱落。随后黄化症状逐年加重，逐步发展到整株叶片黄化，干旱季节黄化症状更为明显。整株叶片无法正常展开，腋芽水渍状，暗黑色，基部有浅褐色夹心。感病植株常在顶部叶片变黄一年后枯死，大部分感病株开始表现黄化症状后 5~7 年内枯顶死亡；束顶型槟榔黄化病的病株树冠顶部叶片明显变小，萎缩呈束顶状，节间缩短，花穗枯萎不能结果；叶片硬而短，部分叶片皱缩畸形，大部分感病株表现症状后 5 年内枯顶死亡。

**3. 病原学**

槟榔黄化病病原为植原体植原体 *Phytoplasma*，此前称为类菌原体（Mycoplasma like organism，MLO），属原核生物域、细菌界、真细菌类、革兰氏阳性真细菌组、植原体属。

**4. 发生规律**

槟榔黄化病远距离传播主要靠人为引种带毒种苗，近距离传播则主要通过媒介昆虫甘蔗斑袖蜡蝉 *Proutista moesta*（Westwood）和寄生植物菟丝子 Dodder。

**5. 防治措施（推荐）**

（1）检疫措施

严禁从疫区引进槟榔种子种苗。

（2）农业防治

加强田间管理，提高植株的抗耐病能力是控制黄化病中非常重要的一个环节。重视水肥管理，施足基肥，及时追肥，提高树体的抗病能力。多施磷肥可以延迟黄化病的发生并显著提高产量；在施氮、磷、钾肥的同时辅施含锌、硼和镁的肥料也可减少病害发生；土壤施用氮、磷、钾肥、石灰和硫酸锌可显著地缓解叶部黄化症状；叶面喷施镁和锰可以减轻黄化症状。一旦发现有零星植株发病，应尽快砍除、深埋或烧毁。对于疫区发生槟榔黄化病且植株结果能力显著下降的槟榔园，应全园更新。

（3）化学防治

控制媒介昆虫，在槟榔抽生新叶期间及时喷施氰戊菊酯、溴氰菊酯等拟除虫菊酯类农药杀灭甘蔗斑袖蜡蝉 *P. moesta* 及其他刺吸式口器潜在媒介昆虫的措施，从而延缓病害蔓延。

（4）生物防治

保护并利用田间天敌昆虫控制媒介昆虫 *P. moesta*。

（5）抗性育种

印度学者研究发现杂交种 Saigon × Mangala 则具有较高的耐病性。

## 6. 附　图

整园发病症状（唐庆华摄）

发病初期下部叶片变黄（唐庆华摄）

发病后期下呈现束顶症状（唐庆华摄）

整园被砍伐（唐庆华摄）

科斯雷州疑似病株（唐庆华摄）

科斯雷州疑似病株（黄贵修摄）

科斯雷州疑似病株（黄贵修摄）　　　　　　科斯雷州疑似病株（黄贵修摄）

# 槟榔炭疽病 Areca anthracnose

## 1. 分布与危害

槟榔炭疽病在世界许多国家的槟榔种植园上均有为害。在密克罗尼西亚联邦雅浦州的槟榔种植园，发病率高达 80% 以上。该病引起幼苗生长势衰弱，叶色淡黄，对幼苗生长影响较大。成龄结果树的叶片、花序、果实等也可染病，造成落花落果，严重减产。据印度学者报道，该病对幼苗及成龄结果树的花序、果实等均可造成严重危害，可减产 10%~30%。

## 2. 田间症状

该病在幼苗和成龄期均可发生，可为害叶片、花序和果实。感病初期，叶片呈现暗绿色水渍状小圆斑，随后变褐色，边缘有一黄晕，病斑像麻点样遍及整个叶片。随后病斑进一步扩展，形状变化较大，呈圆形、椭圆形、多角形或不规则形，病斑长 0.5~20 cm。病斑中央变褐色，边缘黑褐色，病斑微凹陷，有时具云纹状，发病后期叶片病斑累累，产生少量小黑粒（病原菌分生孢子盘），重病叶整叶变褐枯死，幼芽受害导致腐烂或枯萎。青果感病，果皮表面呈圆形或椭圆形的病斑，病斑黑色凹陷。成熟果实上的病斑近圆形、褐色、凹陷，病斑进一步扩展，使果实腐烂。外界环境湿度较高时，病部会产生粉红色孢子堆。

**3. 病原学**

该病的病原为胶孢炭疽菌 *Colletotrichum gloeosporioides* Penz.，属半知菌类、腔孢纲 Coelomycetes、黑盘孢目 Melanconiales、黑盘孢科 Melanconiaceae、炭疽菌属 *Colletotrichum* 真菌。菌丝初期无色，后变灰黑色，有隔膜。分生孢子盘黑色，卵圆形，直径为 120~250 μm，散生于表皮下，后突破表皮，周围有深褐色刚毛，大小为（50~73）μm×（4~5）μm；盘内密生短小、不分枝、无色的分生孢子梗，大小为（13~21）μm×（4.2~5.0）μm，盘的四周有时长有褐色、具分隔的刚毛；分生孢子着生在梗上，单细胞，无色，长椭圆形至圆筒形，有 1~2 个油滴，大小为（12.2~15.8）μm×（4.0~5.9）μm。该菌可在 15~35 ℃的范围内生长，最适温度为 25~28 ℃。其有性阶段为围小丛壳菌 *Glomerella cingulata*（Stonem.）Spauld et Schrenk，属子囊菌门真菌。子囊壳近球形，单生，基部埋在子座中，具乳头状孔口，深褐色，大小为（175~185）μm×（130~140）μm，子囊棍棒形，单层壁，大小为（45~75）μm×（7.2~12）μm。子囊孢子 8 个，单行排列，无色，单细胞，长椭圆形至纺锤形，大小为（20~25）μm×（4.8~5.3）μm。

**4. 发生规律**

该病多发生于多雨高湿季节，尤其当遭遇连阴雨天气，温度在 20~30 ℃时发生较为严重。分生孢子萌发时在孢子中部形成 1~2 个隔膜，从每个细胞长出一个芽管，芽管顶端形成附着胞。初侵染源来自槟榔园内病株及其残体。在高湿条件下，病菌产生大量分生孢子，借风雨、昆虫传播，从伤口和自然孔口侵入寄主；发病后病株又产生新的分生孢子，造成再次侵染。密植、失管荒芜、通风不良、遭受台风刮伤、寒害冻伤和害虫咬伤的植株，及施肥不合理、植株生长衰弱、抗病力差的槟榔园易暴发病害流行。

**5. 防治措施（推荐）**

（1）加强园内管理

改善排水系统，排除积水；消灭荒芜，合理密植和施肥，提高植株抗病性；及时清除田间病残组织，减少初侵染源；苗圃阴棚高度要适当提高，以利通风透光，降低苗圃湿度。

（2）化学防治

在发病初期，喷施 1%的波尔多液进行保护，每隔 15 d 喷 1 次，连喷 2~3 次；还可用 70%甲基托布津可湿性粉剂、80%代森锌可湿性粉剂、多菌灵、百菌清、福美锌等药剂，连续喷洒数次，能有效控制该病的发生和扩展。

## 6. 附　图

炭疽病叶片初期症状（唐庆华摄）

严重发病的槟榔叶片（杨虎彪摄）

在叶片上形成轮纹斑（黄贵修摄）

在叶片上形成轮纹斑（黄贵修摄）

# 槟榔茎基腐病 Areca basal stem rot

### 1. 分布与危害

在密克罗尼西亚联邦的雅浦州，调查发现有槟榔茎基腐病，该病在中国亦有分布。

### 2. 田间症状

槟榔茎基腐病是一种慢性病害，在荒芜失管的槟榔园，发病率可达 20% 甚至更高。槟榔发病初期很难发现该病，外层叶片首先表现凋萎黄化，似缺水状，随后向内部扩展，花序发育停止，节间缩短。病菌自茎基部向上扩展，在距地面 1.5 m 以内的茎干上出现褐色、腐烂病斑，斑点逐渐扩大联合，后期有黏稠状、褐色液体从里面渗出；根部表现出了变色和腐烂的症状，受害根部变脆、变干，伴随着发臭的气味。发病后期，在植株的茎基部长出白色近圆形、盘状真菌子实体，以后变为淡红褐色。由于根茎被破坏，营养和水分的向上运输受阻。干旱情况下，树冠呈暗黄色，叶片干枯，脱落，只剩下光秃树干。受侵染的茎部由于脆弱，在大风期间容易折断。

**3. 病原学**

该病的病原为赤芝 *Ganoderma lucidum*（Leyss. ex Fr.）Karst.，属担子菌门，层菌纲，非褶菌目，灵芝属真菌。该菌为异宗配合，具四极性。菌丝无色透明，随后变为淡黄色至黄褐色，直径 1~2 μm，容易沉淀草酸钙结晶，老菌丝易形成锁状联合。在实验室内培养 40 d 的培养基上，菌丝可形成圆形、白色、薄壁，大小为 14 × 20 μm 的分生孢子。担子果随后转为棕红色、平滑、有光泽，中央或一侧具柄。厚垣孢子金黄色；担孢子浅棕色、黄棕色至棕色，壁厚大小为（8.3~10）μm ×（5.4~6.7）μm。子实体中等到大型，菌盖半圆形，肾形或近圆形，具环状棱纹和辐射状皱纹，边缘薄。病菌子实体直径 3.0~16.5 cm，宽 3.5~11.0 cm，厚 0.8~1 cm，无柄或有短柄，侧生于病树茎干基部的侧面，或从病树的表层病根上长出；子实体有蘑菇香味，上表面呈锈褐色，有褶皱；边缘白色，略向上；下表面光滑呈灰白色。病原菌在 Waksman 培养基上生长良好，在麦芽浸膏琼脂培养基上生长茂盛。病原菌在 pH 值为 3~7 的范围内均可生长，最适 pH 值为 5.5~6.5。该菌在土壤中生长的湿度范围为 40%~80%，病原菌可利用多种碳水化合物，其中麦芽糖是最适碳源。碳水化合物比有机酸和碳酸盐更易被病原菌利用，蛋白胨和甘氨酸分别是最适 N 源和最适氨基酸，真菌在培养基上能够产生多种水解酶，健康根组织中酚及酚氧化酶的含量比受害组织中高。

槟榔茎基腐病病原寄主范围广。除槟榔外，还可侵染椰子、油棕、芒果、凤凰木、水黄皮、木麻黄、山扁豆、罗望子、菠萝蜜、油柑和刺苞菊等许多植物。

**4. 发生规律**

该病可侵染槟榔各龄植株，5~10 a 生槟榔最易感病，成龄槟榔发病较轻。土壤属于黏土，通透性较差，湿度较大，有利于病原菌的定殖和扩展。病原菌传播主要靠根系接触，人工接种需 8~9 个月才能表现症状。病害从侵染根部开始，主要靠土壤传播，还可通过孢子、灌溉、农事操作和空气进行传播。该病在失管、排水不良、种植过密的槟榔园发病较重，在坚硬的黑色酸性土，铁含量高、钙含量低的土壤，感病更为严重。由于该病潜育期较长，因此对该病进行早期诊断检测显得尤为重要。据国外学者报道，一种荧光免疫技术可对病原菌实施有效早期检测。

**5. 防治措施（推荐）**

（1）农业防治

定植前彻底清除或毒杀园中的感病树桩、树根，槟榔园周围的野生寄主也要清除；加强管理，合理种植，不要种植过密；消灭荒芜，增施肥料，增强槟榔对病害的抵抗性；定期检查病情，发现病株应及时处理。

（2）化学防治

放线菌酮、克菌丹、氯化汞、福美双、四氯丹、萎锈灵、金霉素等均有一定的防治效果。需要注意的是土壤湿度对药效影响的很大。福美双、四氯丹、苯菌灵、萎锈灵、金霉素和硫酸铜在土壤湿度较高时对病原菌有抑制作用。定期用波尔多液或克菌丹进行土壤消毒。在病害发生初期，在槟榔植株的根部灌 1.5% 的十三吗啉，对抑制病害扩展有较好效果。对发病槟榔园，每季度应施用十三吗啉进行土壤消毒处理，以降低病害发生率。

（3）生物防治

绿色木霉 *Trichoderma viride*、哈茨木霉 *Trichoderma hazianum*、芽孢杆菌 *Bacillus subtilis*、小麦根圈荧光假单胞菌 *Pseudomonas fluorescens* 对病原菌菌丝生长有不同程度的抑制作用。其中，绿色木霉、芽孢杆菌的抑制效果较好。此外，这些生防菌还可促进槟榔植株生长。

**6. 附　图**

在槟榔茎干上形成子实体（唐庆华摄）

# 园艺植物病虫害

# ● 果树病虫害

# 香蕉枯萎病 Banana Fusarium wilt

## 1. 分　布

香蕉枯萎病又名巴拿马病、黄叶病、凋萎病，是一种维管束的侵染性病害。1874年，该病在澳大利亚首次报道。1910年，在巴拿马国家和地区大面积暴发流行。目前，该病现广泛分布在澳大利亚、南太平洋各岛国、亚洲、非洲、拉丁美洲（包括加勒比海地区）等多个国家的香蕉产区。

## 2. 田间症状

（1）外部症状

自然发病的田间幼龄植株症状不典型，但在接近抽蕾中后期发病的植株症状最为典型。病株下层叶片先发黄，初期为叶缘变黄，然后向中脉发展；随着病害的进一步发展，整张叶片变黄，由黄色变褐色，此时叶鞘处弯折，并倒垂于假茎四周，仅剩顶部内层叶片仍保持绿色；有的病株假茎从叶鞘处开裂，拨开裂口，可见维管束变成红棕色。随着病株叶片的逐片变黄，病株球茎内部逐渐坏死，但仍能存活一定时间，其上长出吸芽，发病症状不明显，直到植株生长的中后期才表现出症状。个别植株在抽蕾后发病，虽能结果，但果实发育不良、果梳少、果指小，没有食用价值。

（2）内部症状

横切病株的根部、球茎和假茎，发病初期，维管束有黄色或红棕色斑点，后期变为褐色斑点，纵向剖开根部、球茎和假茎，可见呈斑点状或线条状红棕色或褐色维管束，离球茎越近的假茎颜色越深，越向上颜色越浅。

在变色的维管束及附近的组织中，可观察到病原菌的菌丝体、分生孢子座和分生孢子。

## 3. 病原学

香蕉枯萎病病原菌为尖孢镰刀菌古巴专化型 *Fusarium oxysporum* f.sp. *Cubense*（E.F. Smith）Suyder. et Hansen.，为半知菌类、丝孢纲、瘤座菌目、镰孢属真菌。

**4. 流行规律**

香蕉枯萎病菌是一种土壤习居菌，在没有寄主的情况下可在土壤中存活 8~10 年，甚至更长。该病害的主要初侵染来源是带病植株、病株残体和带菌土壤。

病菌随带病试管苗和带菌的基质的调运作远距离传播，在田间病菌通过流水和农事操作进行传播

**5. 防治措施（推荐）**

该病害是香蕉病害中最具有毁灭性的病害之一。

由于在大田种植条件下，香蕉枯萎病的发生发展受多种因素的影响。因此，因地制宜采用综合措施是有效防控香蕉枯萎病的重要途径。

（1）检疫措施

严格限制病区输入蕉苗以及可能带菌的蕉类植物。从病区引进的蕉苗应隔离试种 2 年以上，无病后方可推广种植。

（2）农业防治

定期检查蕉园和隔离病区，目的是及早发现病株，及早处理，及早封锁病区，包括小面积的挖隔离沟和用栅栏隔离病区；严禁在病区内采集吸芽繁殖组培苗，以避免采集的吸芽在繁殖组培苗过程剥去的叶鞘和假茎随意丢弃，造成病害的蔓延；发现病株应销毁病株和处理病土，病株的销毁可在原地将病株砍倒后，向病球茎注射草甘膦，然后撒上石灰或浇撒 2% 福尔马林，用土壤或塑料薄膜盖在病残体上；土壤消毒也可用 2% 福尔马林进行。加强栽培管理，增施有机肥和钾肥，有利于根际有益微生物种群的繁殖，提高植株的抗病力。在根结线虫为害严重的地区，需要及时做好根结线虫病的防治工作。

（3）生物防治

目前，主要生防菌包括枯草芽孢杆菌 *Bacillus subtilis*、绿脓假单胞菌 *Pseudomonas aeruginosa*、荧光假单胞杆菌 *P. fluorescens*、黏质沙雷菌 *Serratia marcescns*、荚壳布克氏菌 *Burkholderia glumae*、哈茨木霉 *Trichoderma harzinum* 和放线菌 *Streptomyces* sp. 等。

（4）化学防治

在种植前或发病初期，可选用恶霉灵 + 多菌灵（1∶1）500~600 倍液或五氯硝基苯 + 多菌灵（1∶1）500~600 倍液或 45% 恶霉灵·溴菌腈可湿性粉剂 600~800 倍液或 70% 恶霉灵可湿性粉剂 600~800 倍液或 10% 多抗霉素可湿性粉剂 600~800 倍液可作土壤消毒；在香蕉种植时结合淋定根水灌根，可抑制土壤中的香蕉枯萎病菌繁殖，减少菌源，推迟或减轻香蕉枯萎病的发生。

## 6.附 图

香蕉枯萎病大面积发病症状
（李博勋摄）

叶鞘处弯折，并倒垂于假茎四周，仅剩顶部内层叶片
仍保持绿色（黄贵修摄）

病株下层叶片先发黄，初期为叶缘变黄，然后向中脉
发展，随着病情发展，整叶变黄（黄贵修摄）

纵向剖开根部、球茎和假茎，可见呈斑点状或线条状
红棕色或褐色维管束（黄贵修摄）

# 香蕉叶斑病 Banana leaf spot

## 1.分 布

香蕉叶斑病是香蕉最为常见的病害之一。1902 年印度尼西亚的爪哇岛首次报道香蕉叶斑病的发生，1924 年澳大利亚首次报道香蕉褐缘灰斑病的发生，并鉴定病原菌为香蕉生小球腔菌（*Mycosphaerella musicola* Leach.）。目前，该病主要分布在亚洲、非洲和南美洲等各香蕉生产国。

香蕉叶斑病的种类很多，常见的有香蕉褐缘灰斑病、香蕉灰纹病、香蕉煤纹病、香蕉弯孢霉叶斑病、香蕉链格孢霉叶斑病和香蕉拟盘多毛孢叶斑病。调查发现，在密克罗尼西亚联邦，以香蕉褐缘灰斑病最为严重，其次是香蕉灰纹病。

（1）香蕉褐缘灰斑病

香蕉褐缘灰斑病又名香蕉假尾孢菌叶斑病，是香蕉上发生最为普遍的病害之一，主要为害叶片，也可以为害叶柄和叶鞘。症状一般可分为黑斑型（Black Sigatoka）和黄斑型（Yellow Sigatoka）两种。

（2）香蕉灰纹病

又名香蕉暗双孢叶斑病，是香蕉上发生最为常见的病害之一，该病主要为害香蕉叶片。

**2. 田间症状**

（1）香蕉褐缘灰斑病

香蕉褐缘灰斑病首先发生在下层叶片，然后逐渐向上蔓延。发病初期在叶面或叶背产生与叶脉平行的褐色条纹，扩展成为椭圆形或纺锤形黑色病斑，病斑外缘有黄色晕圈。后期病斑周围呈黑褐色，中央呈现稀疏的灰色霉状物。多个病斑汇合，致使叶片干枯。

（2）香蕉灰纹病

该病主要为害香蕉叶片，未见为害叶柄和叶鞘，病斑多发生在叶缘和叶基部。发病初期暗褐色水渍状半圆形、椭圆形或不规则的小斑；后扩展成长椭圆形、不规则形大斑。病斑中央呈灰褐色或灰色，病斑周围有明显的水渍状橙黄色晕圈，病斑扩展后形成与叶脉平行的大块灰褐色病斑。病斑中央略有轮纹状，在潮湿环境条件下，病斑背面会形成褐色霉状物。

**3. 病原学**

香蕉褐缘灰斑病病原属半知菌类、丝孢纲、丝孢目、假尾孢属的香蕉假尾孢菌 *Pseudocercospora musae*（Zimm.）Deighton。

香蕉灰纹病病原属半知菌类、暗双孢属的香蕉暗双孢菌 *Cordana musae*（Zimm）Hhon。

**4. 防治措施（推荐）**

（1）农业防治

加强栽培管理，合理种植，根据蕉株冠幅的大小，确定种植密度，一般亩植 150~170 株；雨季要注意搞好田间排水，干旱要及时浇水，但应避免过度喷灌；合理施肥，氮、磷、钾配合施用（氮：磷：钾 =1：0.5：3），增施有机肥和钾肥，使植株生长健壮，提高植株的抗病性。减少菌源，搞好田间卫生，及时割除病叶，并将集中烧毁；根据田间的发病情况，一般每月割除下层的病叶一次。

（2）化学防治

常用的药剂有丙环唑 1 000~1 500 倍液或戊唑醇 1000~1200 倍液或 20% 必扑尔可湿性粉剂 1 000 倍液；苯醚甲环唑 1 000~1 200 倍液或氟环唑 400~750 倍液或 25% 吡唑醚菌脂乳油 1 500~3 000 倍液或 20% 醚菌脂 +12.5% 苯醚甲环唑（商品名：阿米妙收）悬浮剂 1 500 倍液或 24% 腈苯唑悬浮剂或 50% 甲基托布津可湿性粉剂 800 倍液；另外，还有多菌灵、大生 M45 和百菌清等。喷药时，药液中加入 0.1% 洗衣粉做黏着剂，可提高防效，每隔 10~15 d 喷一次，连续喷 4~5 次。

**5. 附 图**

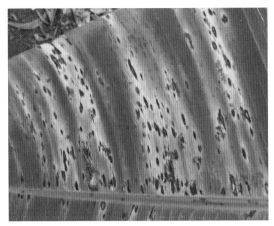 

发病初期在叶片上形成外缘有黄色晕圈的椭圆形或纺锤形黑褐色病斑（黄贵修摄）

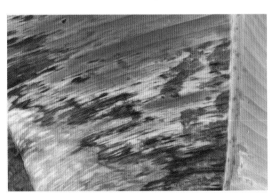 

发病后期病斑外缘成黑褐色，中央形成灰黑色霉状物（黄贵修摄）

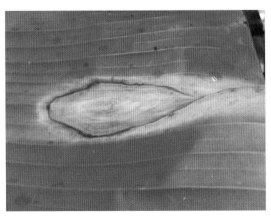 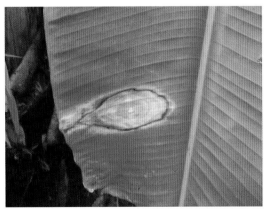

香蕉灰纹病病斑中央灰褐色略有轮纹，病斑周围有明显的黄色晕圈（黄贵修摄）

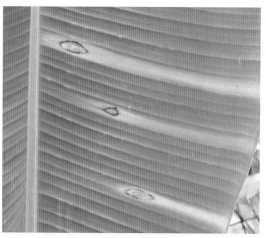
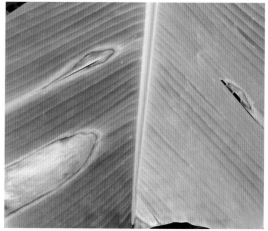

香蕉灰纹病一般从叶缘或叶尖开始发病，病斑与叶脉平行（黄贵修摄）

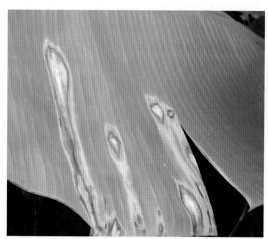
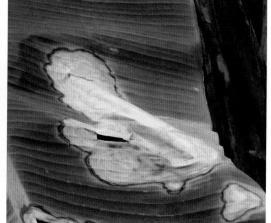

病斑扩展后形成长椭圆形和不规则性连片病斑，病斑中央有明显的轮纹（黄贵修摄）

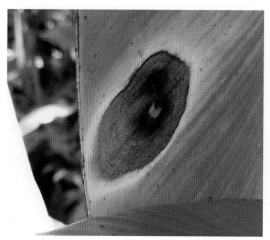

在潮湿环境下，病斑背面形成轮纹状的灰褐色霉状物（黄贵修摄）

# 芒果炭疽病 Mango anthracnose

## 1.分布与为害

芒果炭疽病是由炭疽菌引起的、为害芒果叶片、嫩梢、花序和果实的一种真菌病害，是全球芒果种植区最重要的病害之一。该病1903年首先在波多黎各报道，随后，美国、古巴、菲律宾、英属圭亚那、多米尼加、毛里求斯、斐济、塞拉利昂、巴西、哥伦比亚、危地马拉、莫桑比克、荷属东印度群岛、葡萄牙、巴基斯坦、特立尼达岛、秘鲁、法国、圭亚那、乌干达、牙买加、斯里兰卡、刚果、摩洛哥、南非、马来西亚、澳大利亚、孟加拉国、泰国、哥斯达黎加、印度等国家和地区先后报道。调查发现，该病在密克罗尼西亚联邦芒果上普遍发生。

## 2.田间症状

该病害在芒果生长期侵染叶片引起叶斑，严重时造成落叶，侵染枝条则造成回枯等症状，影响芒果植株的正常生长发育；花期和坐果期，如果遭遇阴雨天气，常常导致大量落花落果，可致果实减产30%~50%，果实受害，在果实表面形成病斑，影响果实外观品质；在贮运期，病果率一般为30%~50%，严重的可达100%。

受害叶片初期出现褐色小斑点，周围有黄晕，病斑扩大后成圆形或不规则形，黑褐色，数个病斑融合后形成大斑，使叶片大部分枯死。嫩叶受害后病斑略有突起，有时病斑中央穿孔。花穗感病后产生黑褐色小点，扩展形成圆形或条形斑，严重时整个花穗变黑干枯，花蕾脱落，不能坐果。幼果受侵严重时，整个果实变黑坏死，脱落或形成"僵果"，在受害的小果上，产生黑褐色小斑点，有时小病斑周围颜色变红，形成红点症状。在接近成熟或成熟果实感上，初期形成黑褐色圆形病斑，扩大后呈圆形或不规则形，黑色，中间凹陷。病部果肉初期变硬，后期变软腐。在果实上，病原菌随水流传播，小病斑常纵向排列形成"泪痕"状。嫩梢顶芽发病，形成黑色梢枯，或在嫩梢产生黑色病斑，病斑向上下扩展，环绕全枝后形成回枯症状。潮湿天气下，病部产生淡红色黏性孢子堆，后变成黑色小粒点。

## 3.病　原

芒果炭疽病的病原菌主要有两种：一种是半知菌类，刺盘孢属的胶孢炭疽菌 *Colletotrichum gloeosporioides*（Penz.）Penz. & Sacc.，又称盘长孢状刺盘孢，是引起芒果炭疽病的主要病原菌。有性阶段为子囊菌门，小丛壳属，围小丛壳菌 *Glomerell acingulata*（Stonem.）Spauld & Schrenk。另一种是尖孢炭疽菌 *C. acutatum* Simmonds，又称短尖刺盘孢。有性阶段为尖孢小丛壳菌 *Glomerella acutata* Guerber & Correll，较为少见。

胶孢炭疽菌的分生孢子盘半埋生，黑褐色，圆形或卵圆形，扁平或稍隆起，大

**49**

小（110~260）μm×（30~85）μm。刚毛深褐色，1~2个隔膜，直或弯，（50~100）μm×（4~7）μm。分生孢子圆柱形、椭圆形、无色、单胞，两端钝圆，中间有一油滴，大小（9~24）μm×（3~4.5）μm。尖孢炭疽菌分生孢子单胞、无色、梭形，大小（10.2~16.5）μm×（2.2~3.6）μm，中间有一油滴。它在芒果上产生的症状与胶胞炭疽菌基本相同，二者还存在混合侵染现象。

胶孢炭疽菌的寄主范围广泛，常见的寄主植物有苹果、梨、葡萄、柿、橡胶、胡椒、油梨、香蕉、柑橘、腰果、番石榴、番木瓜、龙眼、荔枝、咖啡、可可等。

### 4. 发生规律

病原菌主要以菌丝体在芒果植株上的病叶、病枯枝及落叶、落枝上潜伏，春雨期间潜伏在病残体上产生大量分生孢子，通过风雨、昆虫等传播到花穗及嫩梢上引起侵染。病叶在实验室10~30℃、饱和湿度或95%~100%相对湿度条件下均可以产生分生孢子，温度越高、湿度越大产生数量越多，气温在10℃或干燥条件下则极少产生。在饱和湿度条件下，最适宜的产孢温度为25~30℃。分生孢子的萌发和附着胞形成需要有自由水存在或95%以上的相对湿度。潮湿或降雨的天气条件有利于病原菌侵染，适宜的侵染温度为10~30℃。分生孢子在寄主表面萌发产生芽管，芽管末端形成附着胞，侵染钉可穿透角质层直接侵入，也可从伤口、皮孔、气孔侵入寄主，发病的幼果和挂在树上的僵果上产生的分生孢子也可以侵染果实或叶片引起再侵染。在未成熟的果皮中，5,12-顺式十七碳烯基间苯二酚、5-十五烷基间苯二酚、5（7,12-十七烷二烯基）间苯二酚等取代间苯二酚类抗菌物质含量较高，病原菌暂时处于休眠和潜伏状态，待果实成熟，抗菌物质含量减少到较低水平时，病原菌进入活跃的营养状态，菌丝迅速生长扩展，产生采后炭疽病，致使果面产生大量病斑，但采后炭疽病为单循环病害，病斑通常不可能发生从果实到果实的再侵染，此外，寄生蜂也是该菌的载体，其身体表面粘着孢子进行传播。

### 5. 防治措施（推荐）

（1）农业防治

选用优良抗病品种，同时注意在产前、产后结合化学防治，才能获得满意的防治效果；结合修剪剪除病枝、病叶，清除园中病残体，集中烧毁或挖沟深埋；合理安排种植密度，结合修枝整形，保持果园通风透光；低洼地果园注意排涝，降低果园湿度；在第二次生理落果后及时套袋护果。

（2）化学防治

重点保护嫩叶和保花保果。开叶后每7~10 d喷药一次，直至叶片老化。花蕾抽出后每10 d喷一次，连续喷3~4次，小果期每月喷一次，直至成熟前。可用25%阿米西达悬浮剂600~1 000倍液、50%的甲基硫菌灵1 000倍液或65%代森锰锌可湿性粉剂600~800倍液喷雾防治，其他可选择的杀菌剂还有烯唑醇、世高、安泰生、戊唑醇、醚菌酯、嘧菌酯等。

（3）果实采后处理

精选的好果用 51 ℃温水浸果 15 min，或 54 ℃温水浸果 5 min；或用 500 ppm 的苯来特、或 1 000 ppm 多菌灵、或 42% 特克多悬浮剂 360~450 倍液浸果 3 min；或用施保克药液（含有效成分 250 mg/L）浸泡 30 s、后在含氧量 6% 的环境中贮藏。其他化学处理方式，如氯化钙、柠檬酸、草酸或水杨酸处理、壳聚糖涂膜和乙烯受体抑制剂 1- 甲基环丙烯（1-MCP）处理等对芒果采后炭疽病都有不同程度的控制作用，其原理可能与抑制果实呼吸速率或乙烯释放、延缓果实成熟、提高果实抗性有关。

## 6. 附　图

病斑圆形或不规则形容易破裂形成穿孔或干枯斑（黄贵修摄）

发病后期，病斑可占叶片的一半以上干枯脱落（黄贵修摄）

 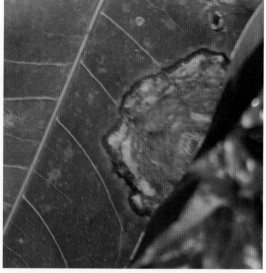

发病后期在成熟叶片上形成较大的圆形不规则性枯斑，有明显的同心轮纹（黄贵修摄）

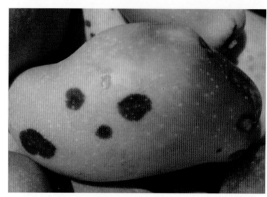 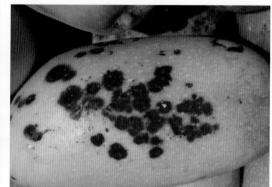

果实上发病症状，病斑黑褐色略有凹陷，上面有粉红色孢子堆（李博勋摄）

# 芒果细菌性黑斑病 Mango bacterial black spot

### 1. 分布与为害

芒果细菌性黑斑病又称细菌性角斑病或溃疡病，是芒果上最重要的病害之一。芒果细菌性黑斑病是世界性分布的常发性细菌性病害。自 Doidge 首先报道芒果细菌性黑斑病在南非发生以来，该病相继在印度、巴西、墨西哥、巴基斯坦、澳大利亚、留尼汪岛、加纳、马来西亚、日本等国及中国广东、广西、云南、海南、福建和四川等 7 省（区）普遍发生。目前该病已在一些国家严重发生，在中国个别产区或芒果园发生严重，成为制约芒果产业可持续发展的重要病害之一。

## 2．田间症状

芒果细菌性黑斑病主要为害叶片、枝条和果实，造成叶片早衰、提早落叶、枝条坏死、落果和采后果腐，其中果实受害对其产量和商品价值影响较大。染病叶片最初在近中脉和侧脉处产生水渍状浅褐色小点，逐渐变成黑褐色，病斑扩大后边缘受叶脉限制，呈多角形或不规则形，有时多个病斑融合成较大病斑，病斑表面隆起，外围常有黄色晕圈。枝条发病后呈现黑褐色不规则形病斑，有时病斑表面纵向开裂，渗出黑褐色胶状黏液。果实染病后，初期表皮上多呈现红褐色小点，扩大成不规则形黑褐色病斑，后期病斑表面隆起变硬，溃疡开裂，潮湿条件下病部常有菌脓溢出。在气候条件有利于芒果细菌性黑斑病流行时，芒果产量损失高达85%。据调查，该病在中国芒果产区造成的产量损失一般为15%~30%，严重的可达50%。该病常与芒果炭疽病及蒂腐病混合发生，在贮藏或运输期引起果实大量腐烂。

## 3．病　原

芒果细菌性黑斑病的病原菌是野油菜黄单胞菌芒果致病变种 *Xanthomonas campestris* pv. *mangiferaeindicae*（Patel，Moniz & Kulkarni 1948）Robbs，Ribiero & Kimura 1974（异名：*Xanthomonas citri* pv. *mangiferaeindicae*），属薄壁菌门、黄单胞菌属。

该菌在营养琼脂（NA）培养基上菌落圆形，乳白色，隆起，表面光滑，有光泽，边缘完整，培养5 d的菌落直径大小1.0~1.5 mm；菌体短杆状，大小（0.9~1.6）μm×（0.3~0.6）μm，革兰氏染色阴性，单根极生鞭毛。

该菌氧化酶反应阴性，脲酶阳性，脂肪酶阴性；在以葡萄糖、阿拉伯糖、果糖、半乳糖、甘露糖、蔗糖、乳糖、麦芽糖、棉子糖、海藻糖、甘露醇、木糖、山梨糖和甘油为碳源的Dye培养基上产酸；可利用柠檬酸盐，琥珀酸盐，并使其呈碱性反应；产生过氧化氢酶和氨气，不产生吲哚；能水解淀粉，液化明胶，胨化牛乳，产生硫化氢。有无氧气时均能生长。对硝酸盐的还原作用，菌株间略有差异。

## 4．发生规律

病原菌在果园内外的病叶、病枝条、病果和杂草上潜伏越冬，尤以病秋梢为主。高湿低温（15~20 ℃）有利于病原细菌越冬存活。次年借雨水溅射传到新生的幼嫩组织上，从伤口、水孔、气孔、皮孔、蜡腺或油腺等自然孔口侵入发病，芒果结果期又经风雨传播到果上为害。贮运中湿度大时，接触传染，导致大量腐果。远距离传播主要是带菌苗木、接穗和果实等。果园内传播主要依靠风雨，特别是暴风雨；其中雨滴传播只局限于树冠之类，枝叶之间，暴风雨则是树与树之间传播的主要原因。此外，果园内的农事活动，如耕作、嫁接、修剪等也能引起该病的传播。某些昆虫（如瘿蚊、蓟马等）被认为对病原菌具有传病作用。病原潜育期随品种和种植区的气候条件不同而有较大程度的差异，一般为5~15 d。

芒果细菌性黑斑病病原菌可通过气流、带病苗木、风、雨水、昆虫和农事活动等传播扩散至新抽生的嫩梢、嫩叶和幼果上为害。叶片病斑上的病原菌存活期较长，在温度为 28 ℃，相对湿度为 95% 的可控条件下，叶片病斑含菌量下降缓慢，从叶龄为 3 个月和 18 个月的感病品种病叶组织中可检测到病原菌数分别为 $10^7$ CFU/mL 和 $10^5$ CFU/mL。而作为主要初侵染源之一的枝条病斑含菌量则较难评估。高湿条件有利于病原菌的附生，自由水则有利于病原菌从破裂表皮释放与扩散，干燥条件下则会使菌量骤降。低温有利于病原菌在芒果芽上附生存活，在高湿（85%±5%）低温（15~20 ℃）条件下，病芽的带菌量为 $10^5$ CFU/芽；而在高温（25~35 ℃）条件下，病芽的带菌量为 $10^2$ CFU/芽。病原菌在病落叶、土壤或自然水中存活期有限。

气温 25~30 ℃ 和高湿条件有利于发病。台风雨是该病大暴发的主要原因，台风雨给正在发育的嫩梢、嫩叶和果实制造了很多机械伤口，而雨水的溅播又是该病原菌的传播途径。因此每次台风之后，常导致细菌性黑斑病的大流行，尤其是地势开阔的低洼地果园受水浸之后，发病更重；而避风、地势较高的果园发病则较轻。此外，风速较大的地区，枝叶和果实摩擦造成伤口，在降雨和露水重的天气条件下，也容易发生细菌性黑斑病。

目前生产上大面积栽培品种为中抗或耐病品种，尚无免疫品种。印度品种 Peter Alphenes、Muigea Nangalora 和 Neclum Baneshan 较感病；中国广西本地土芒、广西 10 号芒、桂热 10 号芒、贵妃芒和凯特芒易感病，紫花芒、桂香芒、绿皮芒、串芒和粤西 1 号中抗，红象牙芒和乳芒较抗病。据报道抗病品种的酚类化合物，黄酮类化合物、糖总量及氨态氮含量均较高。

**5. 防治措施（推荐）**

由于目前国内尚未发现高抗或免疫的品种，因此生产上对芒果细菌性黑斑病主要采取以农业防治为基础，化学防治为主导，辅以生物防治和其他措施相结合的综合治理措施。

（1）检疫措施

芒果细菌性黑斑病病原菌属于进境植物检疫性有害生物，需严格实施检疫，严禁疫区带菌苗木、接穗进入新建或无病果园，并加强病情监测。

（2）农业防治

首先，农业防治是控制芒果细菌性黑斑病的基础，在沿海地带或平坦易招风的果园营造防护林，可降低大风造成伤口而引致病害发生。其次，在栽培管理上，首先要做好冬季清园、春季合理修剪等相关工作，以减少初侵染及再侵染的病原菌数量，降低病原菌的侵染概率。最后，要加强水肥与花果管理，增强树势，提高树体自身抗病能力。

（3）生物防治

枯草芽孢杆菌 *Bacillus subtilis* 和解淀粉芽孢杆菌 *B. amyloliquefaciens* 对芒果细菌性黑斑病病原菌的生长都有抑制作用。

（4）化学防治

化学防治以预防为主，主要涉及防治时期、次数及合适药剂三个方面。针对黑斑病的发生规律，芒果细菌性黑斑病防治的最佳时期分别为采后修剪过后及时喷药1次，以封闭枝条上的伤口，同时加强肥水管理，促进秋梢放梢整齐；每次新梢转绿前定期喷放保护药剂护梢，每次抽梢喷药1~2次；每隔15 d喷药1次；幼果期喷药1~2次防病护果。另外在台风等暴风雨前后及时喷药2~3次，保护果实、幼叶和嫩枝。据报道硫酸铜效果最好，其次为双氯酚、氧氯化铜、络氨铜、代森锰锌，效果较好的药剂还有1%等量式波尔多液、72农用链霉素、77%可杀得101可湿性粉剂、3%中生菌素1 000倍液、20%噻菌铜、2%春雷霉素等，药剂宜交替使用，避免病原菌产生抗药性。

（5）种植抗病品种

在重病区或果园选择种植适宜的抗病品种。

**6.附　图**

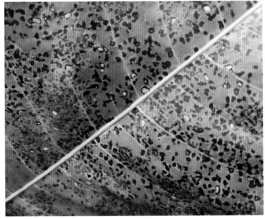 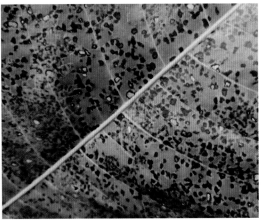

染病叶片最初在近中脉和侧脉处产生水渍状浅褐色小点，呈多角形或不规则形（黄贵修摄）

# 芒果煤烟病 Mango sooty mould

**1. 分　布**

主要由小煤炱菌、煤炱菌和三叉孢炱菌等多种真菌引起，主要为害在芒果叶片和果实表面，又名为煤病、煤污病，是中国芒果上的常发性病害之一。芒果煤烟病在世界芒果产区均有发生，国外主要发生在亚洲的马来西亚、印度、巴基斯坦、孟加拉国和缅甸等国家，非洲主要发生在坦桑尼亚、扎伊尔等国家，美洲主要发生在巴西、墨西哥、美国等国家。该病在中国海南、广东、广西、云南、四川、福建和台湾等省区芒果产区均有分布，个别失管的果园发病率高达100%。目前仍没有相关报道该病所造成损失的具体数据。该病主要发生在叶片和果实表面，影响叶片光合作用，促使树势衰弱；同时影响果实的外观，降低果实的品质。

**2. 田间症状**

症状主要表现在在叶片和果实表面，覆盖一层黑色煤烟层像煤烟，这些煤烟层因不同的气候条件和病原菌种类不同，或容易脱落或不易脱落，严重时整个叶片和果实均被煤烟状物所覆盖，严重影响叶片的光合作用和果实的外观。

**3. 病原学**

本病病原菌的种类很多，至少有8种：三叉孢菌 *Tripospermun acerium* Speg.、芒果小煤炱菌 *Meliola mangiferae* Earle、芒果煤炱菌 *Capnodium mangiferae* P. Hennign、刺盾炱属 *Chaetothyrium* Speg.、胶壳炱属 *Scorias* Fr.。此外，还发现有 *Scoleconyphium* sp.、*Polychaeton* sp. 和 *Limaciluna* sp.。其中芒果小煤炱菌 *M. mangiferae*、三叉孢菌 *T. acerium* 和芒果煤炱菌 *C. mangiferae* 和 *Scorias Fr.* 为主，发病率占85%，是芒果煤烟病的主要病原，其余占发病率为15%。

（1）芒果小煤炱菌 *M. mangiferae* Earle

菌丝粗大，头状附着枝多，互生，有的对生，刚毛多。闭囊壳球形或扁球形，黑色，下部有菌丝相连，大小为130~160 μm。子囊椭圆形或卵圆形，壁易消解，（50~66）μm ×（30~55）μm。子囊孢子2~3个，长圆形至圆筒形，有4个隔膜，初无色，后呈暗褐色，大小为（35~42）μm ×（14~18）μm。

（2）芒果煤炱菌 *C. mangiferae* P. Hennign

菌丝体均为暗褐色，着生于寄主表面。子囊座球形或扁球形，表面生刚毛，有孔口，直径110~150 μm。子囊长卵形或棍棒形，（60~80）μm ×（12~20）μm，内含8个子囊孢子，子囊孢子长椭圆形，褐色，有纵横隔膜，砖隔状，一般有3个横隔膜，（20~25）μm

×（6~8）μm。分生孢子有两种类型，一种是由菌丝溢缩成连珠状再分隔而成的，另一种是产生在圆筒形至棍棒形的分生孢子器内。

（3）三叉孢菌 *T. acerium* Speg.

菌丝淡褐色，分枝少，分隔较长。分生孢子无色至淡褐色，星形，多为3分叉，少数2或4分叉，多个细胞。有一短柄着生在菌丝上，大小为（50.4~72）μm ×（4.8~8.4）μm。主要分布在海南各地。

（4）刺盾炱属 *Chaetothyrium* Speg.

菌丝体上生有刚毛，暗褐色，子囊座球形或扁球形，生于盾状菌丝膜下，也有刚毛。子囊孢子具有3至多个横隔膜，椭圆形至圆筒形，无色，（7.4~18.5）μm ×（3.7~6）μm。分生孢子器筒形或棍棒形，顶端膨大成秋形，暗褐色。分生孢子椭圆形或卵圆形，单胞，无色。

（5）胶壳炱属 *Scorias.* Fr.

菌丝表生，子囊座球形至椭圆形，表面光滑或有丝状附属丝，无刚毛，有明显的孔口。子囊棍棒状，内有4~8个子囊孢子。子囊孢子长卵形，4个细胞，具隔膜，无色或淡橄校色，（20~43）μm ×（7~12）μm。

除芒果小煤炱菌（*M. mangiferae* Earle）能与芒果建立寄生关系外，其余的病原菌必须依靠蚜虫、介壳虫、叶蝉和白蛾蜡蝉等同翅目害虫分泌的蜜露为营养，与芒果本身没有寄生关系，因此，菌丝层很容易从芒果叶片和果实表面剥落下来。

**4. 发病规律**

病菌以菌丝体、子囊座或无性态的分生孢子盘在病叶，病枝，病果上度过不良环境。煤烟病病原菌的菌丝、分生孢子、子囊孢子都能越冬，成为次年初侵染来源。环境条件适宜时，菌丝直接在受害部位生长，子囊座产生子囊孢子或分生孢子盘产生的分生孢子，经雨水溅射或昆虫活动通过自然孔口，伤口或者直接进行传播。翌年芒果当枝、叶的表面有蚜虫、介壳虫、叶蝉和白蛾蜡蝉等同翅目害虫的分泌物或灰尘、植物渗出物时，病菌即可在上面生长发育。菌丝、子囊孢子和分生孢子借风雨、昆虫传播，进行重复侵染。

该病害的发生主要与多种同翅目害虫分泌的"蜜露"密切相关，同时，该病害的病原菌多为好湿性。因此，病害的发生与下列因素有着密切关系。

病害与果园害虫的关系，除了小煤炱属可以直接侵入，并与植物建立寄生关系外，其余病菌主要依靠蚜虫、介壳虫、叶蝉和白蛾蜡蝉等同翅目害虫分泌的"蜜露"为营养。因此，同翅目害虫的分泌物越多，病害也较严重。

病害与果园湿度的关系，由于煤烟病菌为具有好湿性，因此，种植过密，果园采果后不及时修剪或修剪不到位，树冠荫蔽，以及果园长期失管也容易引发该病的发生。

**5. 防治措施（推荐）**

芒果煤烟病的防治重点是做好同翅目害虫的防治工作，同时适当配合做好果园田间的栽培管理。

（1）农业防治

加强果园的管理，合理修剪，提高果园通风透光度，可减少蚜虫、介壳虫等同翅目害虫的为害。

（2）化学防治

在发病初期，喷 0.5% 石灰半量式波尔多液或 0.3 波美度的石硫合剂；发病后可选用 75% 百菌清可湿性粉剂 800~1 000 倍液、75% 多菌灵可湿性粉剂 500~800 倍液和 40% 灭病威可湿性粉剂 600~800 倍液等药剂。选用高效氯氰菊酯、溴氰菊酯和毒死蜱等药剂喷雾防治蚜虫、介壳虫叶蝉和白蛾蜡蝉等同翅目害虫。

**6. 附　图**

整个叶片覆盖一层黑色煤烟层不容易脱落（黄贵修摄）

# 芒果疮痂病 Mango scab

**1. 分　布**

芒果疮痂病是一种重要的常发性真菌病害，主要为害叶片、枝条和果实，在生产上造成较大的经济损失。芒果疮痂病最早发现于古巴和佛罗里达州的标本上。此后，国外几乎所有的芒果产区，包括墨西哥、巴西、委内瑞拉、哥伦比亚、印度、泰国、菲律宾、澳大利亚等国家或地区，都有该病的发生记载。在中国，广泛分布在海南、广西、广东、云南、四川、福建、贵州和台湾等省区。

**2. 田间症状**

芒果疮痂病发生严重时，幼果容易脱落，留在树上的果实果皮上布满病斑，粗糙不堪，对果实产量和品质影响很大。在菲律宾，该病为害果实造成的淘汰率达 20% 以上。

芒果疮痂病主要侵染幼嫩的叶片、枝条、花序、果柄和果实，症状的表现因品种、侵染部位、组织的幼嫩程度、植株长势而有一定程度的变化和差异。

在受侵叶片上常形成近圆形灰褐色病斑，多 1~3 mm 大小，具明显的黄色晕圈，病斑粗糙开裂，中央略凹陷，背面略凸起，颜色较深，后期变成软木状，有时形成穿孔。叶缘发病常导致叶片扭曲畸形和缺刻。叶片主脉发病，形成较大的黑色长梭形的病斑，病斑中央沿叶脉开裂，后期病斑呈灰色软木状。病害严重时，枝条和叶片上病斑密布，易落叶。在潮湿环境下，病斑上产生灰褐色绒毛状霉层，即病原菌的分生孢子梗和分生孢子。

在受侵枝条、花序上常形成大量略微凸起褐色或灰褐色近圆形或椭圆形病斑，病斑边缘颜色较深，1~2 mm 大小，大量病斑相互愈合形成较大的疮痂斑块，病组织呈浅褐色软木状，粗糙开裂。天气潮湿时，病斑中央有浅褐色霉层。

在受侵染幼果上，果面产生黑色的小坏死斑，随着果实长大，小坏死斑稍有扩展，中央灰褐色，边缘黑色，稍凸起，逐渐发展为浅褐色的疮痂样或疤痕状小病斑，中央常开裂，略有凹陷，大量小病斑可以相互愈合产生较大的不规则粗糙斑块，严重时可布满整个果面，往往造成果皮组织不能正常生长而凹陷，最终导致果实畸形，甚至落果。疮痂病粗糙的疤痕有时会被误认为是果皮擦伤。

**3. 病原学**

芒果疮痂病由真菌侵染引起，其有性阶段为属子囊菌亚门的芒果痂囊腔菌 *Elsinoë mangiferae* Bitancourt et Jenkins，其无性阶段为半知菌类的芒果痂圆孢菌 *Sphaceloma mangiferae*［异名 *Denticularia maniferae*（Bitanc. & Jenkins）Alcorn，Grice & R.A. Peterson］。

病原菌有性阶段不常见，仅在美洲有过描述。病原菌在寄主表皮下产生褐色的子囊座、大小为（30~48）μm ×（80~160）μm，子囊球形（10~15 μm）、不规则着生、含 1~8 个无色的子囊孢子、大小（10~13）μm ×（4~6）μm，子囊孢子具三隔、中间隔膜缢缩。分生孢子盘大小不一、褐色。分生孢子梗直立或稍弯曲，单生或簇生于分生孢子盘上，大小为（12~35）μm ×（2.5~3.5）μm，基部加宽，瓶梗式产孢，分生孢子单生或偶有两个串生；分生孢子单胞或有一个分隔，卵形或椭圆形、纺锤形或筒状，有时略弯，无色或淡褐色，少数具油球。

病原菌在马铃薯葡萄糖琼脂培养基上生长缓慢，在 25 ℃下培养两周，菌落直径仅为 25~35 mm，继续培养三周后，菌落基本停止生长。菌落圆形或近圆形，深葡萄酒色；气生菌丝稀少，绒毛状至粉末状，初为白色，后为淡红色；菌落的中间凸起并螺旋，表面布满褶皱，边缘部分暗黄色，完整或者呈扇形，在菌落周围有黏性水样液体，表面覆盖着许多透明的小液珠，这些小液珠在后期变得很黏。菌落背面为黑色，中心部位有明显的凹陷，培养基正反面边缘淡红色，靠近菌落的基质变为淡红色，边缘为白色，极少产生分生孢子。自然条件下，12~33 ℃条件下均能产孢，最适宜产孢温度为 28 ℃。分生孢子萌发的温度范围为 12~37 ℃，最适宜温度为 28 ℃，萌发需要液态水存在或 100% 的相对湿度。

目前所知芒果是该病原菌唯一寄主。

**4. 发病规律**

芒果疮痂病病原菌可以产生分生孢子和有性孢子，但有性孢子少见，因此，无性阶段的分生孢子在侵染和病害传播中扮演着重要角色。病原菌以菌丝和分生孢子盘在病株上存活，在潮湿的环境条件下，产生分生孢子借助风雨传播，从幼嫩组织表面气孔和伤口侵入，引起新梢和嫩叶发病，并随着抽梢，不断产生再侵染；开花后，引起花序和果柄发病；坐果后，病原菌由发病的枝条、叶片、花序、果柄随风雨传播到果实，产生果实疮痂症状，果实病斑上产生的分生孢子也可以引起果实再侵染。在有遮盖的环境和有风潮湿的天气条件下，病害可传播 4 m 多的距离，在果园敞开的环境中，扩散距离可能更远，随种苗可远距离传播。

**5. 流行条件**

病原菌主要侵染幼嫩组织，随着组织老化，抗病性逐渐增强。因此花期、幼果期和抽梢期是病害发生的关键时期。

分生孢子萌发和侵染需要自由水存在，多雨、多雾、露水重等潮湿温和的天气有利于病原菌产孢和病害发生。调查发现，在海南和福建，全年的温度、湿度条件均适宜疮痂病发生，但温度和湿度对病害发生的影响程度不同，以湿度影响最为明显，特别是降雨对病害发生的影响很显著，而温度则不明显。因此，叶片、枝梢、花序或果实生长的幼嫩程度期间的相对湿度是影响此病发生流行的最主要因素。

**6. 防治措施（推荐）**

根据此病的发生流行特点，在防治上应采取积极预防与综合防治措施，重点做好以下几个方面工作。

（1）选用无病种苗和接穗

目前的主栽品种多不抗病，新植果园尽可能选择健康种苗栽植，老果园高接换冠也要选择健康无病的接穗。

（2）农业防治

清除病残体，结合每次修剪，彻底清除病枝梢，清扫残枝、落叶、落果，集中销毁，尽可能减少病原菌侵染基数。加强水肥管理，促进果园抽梢和开花整齐；避免过量或偏施氮肥，补充适量钾肥，促进新梢或嫩叶老化，增强组织抗病能力；在第二次生理落果后及时套袋护果。

（3）化学防治

苗圃以保梢叶为主，结果园以保果为主。结果园开花前可用波尔多液（1∶1∶100）喷雾预防，开花结果期可用70%代森锰锌可湿性粉剂或30%氧氯化铜胶悬剂喷雾保护；抽梢期用30%氧氯化铜胶悬剂或波尔多液（1∶1∶100）喷雾保护。潮湿的季节，每次抽梢施药1~2次，幼果期施药2~3次，施药间隔10~15 d。

**7. 附　图**

叶片上形成圆形或不规则形的红褐色至黑褐色小斑点，中央凹陷，背面凸起（黄贵修摄）

# 芒果藻斑病 Mango algae spot

**1. 分　布**

芒果藻斑病又称为红锈病 red rust，在中国各芒果产区均有发生，尤以海南发生最为普遍，属常发性次要病害。主要危害芒果时片和枝条。在密克罗尼西亚联邦，调查发现丘克州有芒果藻斑病为害。

**2. 田间症状**

病斑常见于树冠的中下部枝叶。发病初期在叶片上形成褪绿色近圆形透明斑点，然后逐渐向四周扩散，在病班上产生橙黄色的绒毛状物。后期病斑中央变为灰白色，周围变红褐色，严重影响叶片的光合作用，病斑在叶片上的分布往往主脉两侧多于叶缘。

**3. 病原学**

病原属于绿藻门的橘色藻科、头孢藻属的寄生藻 *Cephaleuros virsens* Kunze。

寄生藻类在叶片上形成的橙黄色绒毛状物包括孢囊梗和孢子囊，孢囊梗黄褐色，粗壮，具有分隔，顶端膨大呈球形或半球形，其上着生弯曲或直的浅色的8~12个孢囊小梗，梗长为274~452 μm。每个孢囊小梗的顶端产生一个近球形黄色的孢子囊，大小为（14.5~20.3）μm ×（16~23.5）um。成熟后孢子囊脱落，遇水萌发释放出具2~4根鞭毛、无色薄壁的椭圆形游动孢子。

**4.发病规律**

（1）病害循环

病原以丝状营养体和孢子囊在病枝叶和落叶上度过不良环境，在春季温湿度环境条件适宜时，营养体产生孢囊梗和孢子囊，成熟的孢子囊或越冬的孢子囊遇水萌发释放出大量游动孢子，借助风雨进行传播，游动孢子萌发产生芽管从气孔侵入，形成由中心点向外辐射的绒毛状物。病部继续产生孢囊梗和孢子囊，进行再侵染。

（2）发病条件

① 气候条件。温暖、潮湿的气候条件有利于病害发生。当叶片上有水膜时，有利于游动孢子的释放以及从气孔的侵入，同时降雨有利于游动孢子的溅射扩散。病害的初发期多发生在雨季开始阶段，雨季结束往往是发病的高峰期。② 栽培管理。果园土壤贫瘠、杂草丛生、地势低洼、阴湿或过度郁闭、通风透光不良以及生长衰弱的老树、树冠下层的老叶均有利于发病。

**5.防治措施（推荐）**

（1）农业防治

加强果园管理，合理施肥，增施有机肥，提高抗病性；适度修剪，增加通风透光性；完善果园的排水系统；及时控果园的杂草。清除果园的病老叶或病落叶，降低侵染源。

（2）化学防治

在灰绿色病斑尚未形成游动孢子时，喷施波尔多液或石硫合剂均具有良好防效。

**6.附 图**

病斑上产生橙黄色的绒毛状物，后期病斑中央变为灰白色，周围变红褐色（黄贵修摄）

# 番木瓜环斑花叶病 Papaya ringspot mosaic

## 1. 分　布

番木瓜环斑花叶病是番木瓜上最具的毁灭性病害，主要发生在印度、委内瑞拉、非洲各国和美国的夏威夷。该病在中国广东、广西、海南、福建、台湾为害极为严重，发病率高达 70%~100%，造成多年生的番木瓜变成了一、二年生果树。幼龄植株发病后变矮，不结果或结果少，成龄植株发病后生长衰弱，果实变小，病株在 1~2 年后死亡，严重影响番木瓜的品质和产量。该病已成为番木瓜大面积栽培的主要限制因素。

## 2. 田间症状

番木瓜环斑花叶病为害番木瓜叶片呈现典型的花叶症状，为害果实、嫩茎、叶柄则呈现水渍状环斑或水渍状斑。

（1）花叶

病株新叶呈现黄绿相间花叶，顶叶变小畸形，似鸡爪状，冬春季长出的病叶变窄小，呈蕨叶状或线叶状。苗期发病的植株生长缓慢，病树变矮，叶柄缩短，新叶变小，不易结果，早衰；成株后发病的植株结果少而小，产量大幅下降，一般在发病 2~3 年后生长逐渐衰弱而死亡。

（2）水渍状环斑

叶片、嫩茎叶柄和青果上产生大量的水渍状条斑、环斑（圈斑），其中以果实表面的水渍状环斑最为显著，2~3 个环斑可互相联合成不规则形病斑。水渍状斑后期可变成灰白色的环状坏死斑，果肉中产生带苦味的硬块。

## 3. 病原学

病原为马铃薯 Y 病毒科、马铃薯 Y 病毒属的番木瓜环斑病毒 Papaya ring spot virus（PRSV），病毒粒子为弯曲的线状，大小为 12.5 nm ×（700~800）nm，为一种 +ssRNA 病毒。该病主要通过机械摩擦和传毒媒介进行传播，其中传毒媒介昆虫为桃蚜和棉蚜等多种蚜虫，进行非持久性传毒。但病株的种子不带毒。病毒的钝化温度为 54~60 ℃、体外存活期在 23~28 ℃下为 2~3 d，稀释限点 $1.0×10^{-3}$。在华南地区，已报道的番木瓜环斑病毒有 Ys、Vb、Sm、Lc 四个株系，其中 Ys 株系最为普遍，台湾地区报道有 M、SM、SMN、DF 等株系。

该病毒除为害番木瓜外，还可侵染 17 种葫芦科作物和苋色藜、昆诺阿藜等。人工接种可侵染黄瓜、南瓜和苦瓜产生花叶症状，侵染丝瓜产生水渍状圆斑。病害的潜育期为 7~28 d，一般为 14~21 d。

*cassiicola*（Berk. et Curt）Wei。

**4. 流行规律**

病原菌以菌丝体在病株和病残体或其他寄主上越冬，到次年环境条件适宜时，病原菌产生分生孢子借助风雨直接或通过伤口侵入，引起叶片、叶柄和果实发病。环境条件适宜时病害可重复发生多次。

发病条件如下。

① 病害与温湿度的关系。病害的发生和流行主要在高温高湿环境条件下。因此，在高温季节，果园通风不良、荫蔽潮湿、地势低洼、排水不良等潮湿的环境条件均有利于病害发生。海南一般在 7—11 月发生较为严重。

② 病害与品种间的关系。品种间抗病性有差异，一般以马来西亚品种最为感病，穗中红系列品种较为抗病。

**5. 防治措施（推荐）**

（1）农业防治

建园应选择地势平坦、土层深厚，排水良好、地下水位低的田块；雨季来临前应搞好排灌系统，以便于及时排除田间积水。及时清除果园周边和果园内的灌木杂草，降低果园的环境湿度。定植前应施足基肥，生长期合理施肥，增施有机肥，以提高植株的抗病性。冬季前清除植株中下层的病叶片和病残体，以减少病害的初侵染来源。

（2）药剂防治

发病初期可选用 50% 多菌灵可湿性粉剂 500~800 倍液或 70% 甲基托布津 500~600 倍液或 80% 大生 M-45 可湿性粉剂 300~500 倍液或 25% 丙环唑乳油 1 000~1 500 倍液或 40% 氟硅唑乳油 1 500~2 000 倍液等进行喷雾防治，一般 7~10 d 一次，连续 3~4 次。

**6. 附　图**

发病叶片上布满圆形或不规则形小病斑，对光可见穿孔（黄贵修摄）

叶片上出现灰白色或褐色圆形小病斑，周围有明显黄色晕圈，背面水渍状（黄贵修摄）

叶片上出现灰白色或褐色圆形小病斑，周围有明显黄色晕圈，背面水渍状（黄贵修摄）

为害果实初期出现白色圆点状凸起病斑（黄贵修摄）

# 番木瓜炭疽病 Papaya Anthracnose

**1. 分 布**

番木瓜炭疽病是番木瓜的主要病害之一，本病于 1895 年在巴西首次报道，现已遍及世界各产区。在我国广东、广西、海南、福建和台湾等番木瓜主产区发生普遍且全年均可为害，该为害病以番木瓜的果实为主，也能为害叶片和叶柄，特别是秋季最为严重，发病率高达 20%~50%。病菌能在幼果期潜伏侵染，引起采后贮运过程中果实腐烂。

**2. 田间症状**

（1）果实症状

主要发生在近成熟的果实上，初期在受害果实的表面呈现浅褐色水渍状小圆斑，扩大后呈暗褐色、直径约 1~3 cm 的圆形凹陷病斑，病斑中央具同心轮纹，边缘水渍状，其上产生粉红色黏液状孢子堆或轮生众多小黑点，病部果肉浅褐色，呈半透明果胶状。病斑可深达果实内部，形成一个易剥离的圆锥形结构。全果果肉变质发臭，丧失食用价值。

（2）叶片症状

叶尖叶缘最先发病，呈现黄色不规则形病斑，在叶片内部呈现直径约 1~5 cm 的圆形病斑，中央黄褐色，边缘褐色、水渍状，潮湿条件下病斑上散生小黑点。

（3）叶柄症状

叶柄受害初期褪色，病部无明显的分界，中央不凹陷，后期轮生许多小黑点或粉红色黏液状孢子堆。

**3. 病原学**

无性阶段为半知菌类、腔孢纲、黑盘孢目、刺盘孢属的多种刺盘孢菌 *Colletotrichum* spp.。常见种有胶孢炭疽菌 *C. gloeosporioides*（Penz.）Sacc.，主要危害果实，也可为害叶片和叶柄，在叶柄上可产生有性世代；辣椒刺盘孢 *C. capsici*（Syd.）Butler et Bisby.，主要为害叶片和叶柄；国外报道有番木瓜刺盘孢 *C. papaya* P. Henno。有性阶段为子囊菌门、核菌纲、球壳目、小丛壳属的围小丛壳菌 *Glomerella cingulata*（Stonem.）Spauld & Schrenk。是一种能潜伏侵染的真菌。

胶孢炭疽菌。分生孢子盘圆形，黑褐色，直径 150~320 μm，刚毛有或无，数量少，直立，浅褐色至褐色，顶端色淡而钝；产孢细胞瓶梗型；分生孢子无色，圆筒形，两端钝，单胞，内含 1~2 个油球，大小为（10.5~25）μm×（3.5~4.7）μn，萌发时产生分隔，形成或不形成附着胞。在 PDA 培养基上可产生烧瓶状的子囊壳，直径 80~150 μm，高 100~160 μm：子囊棍棒状，大小（40~70）μm×（8~12）μm，子囊间有侧丝；子囊孢子肾形或花生形，微弯，无色，大小（9~19）μm×（3.5~6）μm。

辣椒刺盘孢。在 PDA 上菌落初期白色，后变灰白色，气生菌丝浅灰色，菌丝上产生的附着胞暗褐色，椭圆形、圆形或棍棒形，培养 6 d 后可产生分生孢子盘，其上密生刚毛。分生孢子堆初呈白色，后变淡红色，分生孢子盘黑褐色，直径 70~140 μm，盘上密生几十根黑色刚毛，大小（55~175）μm×（3.5~5.0）μm：分生孢子梗圆柱形，瓶体式产孢，分生子孢子无色，单胞，新月形，两端钝圆，大小为（17~27）μm×（2.5~4.0）μm。

有性世代的子囊壳只在冬季发病的叶柄上产生，子囊壳散生，近球形，基部埋生于子座中，孔颈明显，大小（180~189）μm×（131~143）μm。子囊棍棒形，大小（48~76）μm×（7~12）μm，其内单行排列 8 个子囊孢子。子囊孢子无色单胞，长椭圆形至纺锤形，直或微弯。

### 4. 流行规律

病菌在病果、病叶或遗留在土壤中的病残体上越冬，次年产生分生孢子借风雨或昆虫传播到寄主表面，经伤口、气孔和表皮侵人番木瓜幼果和叶片组织引起发病，潜育期 3~5 d，出现症状后继续产生分生孢子进行多次再侵染。病菌虽能在冬季的病叶柄上产生子囊壳，但其在病害越冬和初侵染时的作用不大。番木瓜开花结果后，病菌即可侵入青果表皮内潜伏，待果实接近成熟时才扩展表现症状。

番木瓜从幼初期至果实成熟期均可发病，高温多雨是该病发生流行的主要条件。高温高湿、田间积水、采果时碰伤果皮，都会引起病害的严重发生，该病多在 8—9 月发生流行。

### 5. 防治措施（推荐）

（1）农业防治

冬季彻底清除病残组织，集中烧毁或深埋，消灭越冬菌源，并喷 1% 等量式波尔多液保护植株；在生长季节，要定期清除病果、病叶，减少田间菌量。

（2）化学防治

在 8—9 月病害流行季节，从花期开始喷药，选用 1% 等量式波尔多液、70% 甲基托布津可湿性粉剂 1 000 倍液、50% 多菌灵可湿性粉剂 1 000 倍液、75% 百菌清可湿性粉剂 500~800 倍液、50% 灭菌丹可湿性粉剂 300 倍液、50% 代森锰可湿性粉剂 300~500 倍液、25% 施保克乳油 1000 倍液等，每隔 10~15 d 喷一次，连喷 3~4 次，可有效防治该病。

（3）果后防腐

采后果实用 42 ℃热水浸 30 min 或 48.5 ℃热蒸汽处理 20 min 后，再换用 49 ℃热水处理 20 min，处理后的果实晾干后，先在 20 ℃下预冷，青果可转到 10 ℃贮藏，熟果可于 7 ℃下冷藏，能有数防止果腐。使用特克多（2 g/L）、苯来特、敌力脱、咪鲜胺等热药液浸果，防腐效果更好。

**6. 附 图**

叶尖叶缘最先发病，呈现黄色不规则形病斑（黄贵修摄）

# 木瓜秀粉蚧 *Paracoccus marginatus*

木瓜秀粉蚧 *Paracoccus marginatus* Williams and Granara de Willink 原产于墨西哥和中美洲，随农产品或苗木等途径传播至其他国家，已经在美国（夏威夷、佛罗里达）、印度尼西亚等国陆续造成危害。中国台湾于 2011 年发现该虫入侵。该虫繁殖速度快，一旦发生，很难根除，严重时导致叶片黄化、畸形、落叶，果实畸形和糖分减少等，影响果品外观与价值；同时分泌蜜露引发"煤烟病"，影响植株的光合作用，并伴随黑刺蚁和其他蚂蚁的发生。

**1. 识别特征**

雌成虫黄色，触角 8 节，长 2.2 mm，宽 1.4 mm，虫体覆盖白色棉絮状蜡质，虫体两侧具 15~17 对蜡丝，蜡丝长度不到体长的 1/4，背部一对蜡丝较长，臀部前的一对蜡丝较短，不明显，约为体长的 1/8。雄成虫虫体粉红色，预蛹和蛹期尤为明显，在 1~2 龄虫体变成黄色。雄虫体长椭圆形，长约 1.0 mm，宽 0.3 mm。雄成虫触角 10 节，阳茎明显，头和胸高度骨化，翅发育良好。卵囊是虫体的 3~4 倍长。按压虫体时有黄色体液流出。卵浅黄色。虫体放入 70% 乙醇中会变为黑色。

**2. 为害特点**

木瓜秀粉蚧寄主种类多，有 25 个属多于 60 种植物。经济植物有木豆、番木瓜、木棉、棉花、木槿、麻风树、木薯、桑树、番石榴、西红柿、茄子、万桃花、柚木、鸡蛋花、鳄梨、柑橘、芒果、樱桃、芙蓉、辣椒、豌豆和甘薯等。杂草类有紫罗兰、土牛膝、臭矢菜、圆叶鸭跖草、田旋花、飞扬草、珠子草、蜂巢草、蔡皮草、银胶菊、羽芒菊、假海马齿等。是热带和亚热带地区水果、蔬菜和园林植物重要害虫。木瓜秀粉蚧为杂食性，可为害多种热带果树、蔬菜和景观植物。孵化后的 1 龄若虫在寄主上爬行寻找适宜的部位后固定，刺吸植物顶芽、嫩梢、叶片、幼果和枝干的上表皮汁液为食。由于虫体聚集围绕植物茎部危害，吸食维管束造成环状剥皮。同时传播植物病毒，将有毒物质注入叶片，刺激植物维管束组织增生变形，导致叶片枯黄、萎缩、卷曲、黄化，和果实脱落，影响植物生长，严重时会产生"煤烟病"，导致植物死亡，失去观赏价值。受到侵染危害的果实，表面产生厚厚的白色蜡层、腐烂，失去食用价值。2008 年 9 月斯里兰卡的番木瓜受到木瓜秀粉蚧的为害，为害率在 60%~100%，平均危害率在 85.9%，给番木瓜产业带来较大的损失。

**3. 分 布**

木瓜秀粉蚧原产于墨西哥和中美洲，由于当地天敌丰富，未造成危害。该虫于 1992 年在新热带区的伯利兹、哥斯达黎加、危地马拉发生。自 1994 年以来，该虫危害 14 个加勒比海国家和地区（圣马丁、瓜德罗普岛、圣巴特尔米安提瓜、巴哈马群岛、英属维尔京群岛、古巴、多米尼加共和国、海地、波多黎各、蒙特塞拉特岛、尼维斯、圣·基茨和美国维尔京群岛），1998 年在佛罗里达州的中部为害朱槿，2002 年扩散到 30 个城市，为害 18 种不同寄主植物，2002 年在关岛、2003 年在帕劳为害，后进一步蔓延到邻近的太平洋夏威夷群岛。2008—2009 年传播到南亚和东南亚，2007 年 7 月发现在印度的泰米尔纳德邦农业大学为害，随后蔓延到邻近的地区。2008 年 9 月，该虫在斯里兰卡被发现，11 月在泰国被发现。2009 年 5 月出现在孟加拉国，8 月传播到马尔代夫，后来扩散到马来西亚、印度尼西亚等国。该虫 2011 年传到中国台湾，对台湾中南部的木瓜产业造成严重危害。

**4. 生活习性**

木瓜秀粉蚧喜温暖、干燥的气候。雌虫无翅，短距离爬行或借助气流扩散。雌虫经 3 龄若虫期后变为无翅成虫，卵生，产卵时将卵包裹于白色棉絮状的卵囊中，通常产卵 100~600 粒，卵为青黄色，附着于卵囊中，卵囊覆盖白色棉絮状蜡质，是虫体的 3~4 倍长。卵期 10 d，卵孵化持续 7~14 d，初孵若虫在寄主取食部位爬行；雄虫经 4 龄若虫后变为有翅成虫。在适宜的环境下，世代重叠，发育、繁殖最适宜温度为 24~28℃，春秋季节发生数量最大，在温室条件下，该虫一年四季都可以繁殖。由于该虫的雌虫体表外包裹白色蜡粉，卵包裹在白色棉絮状的卵囊中，不易防治。雌虫有 3 龄，而雄虫有 4 龄。在温度为 25℃左右、相对湿度为 65% 的条件下，雄虫发育要经过 27~30 d，雌虫经过 24~26 d。

**5. 防治措施（推荐）**

木瓜秀粉蚧在适宜的温湿度条件下，繁殖能力很强，种群增长迅速。虫体有厚厚的蜡质包裹，隐藏在植物叶片的背部和隐蔽处，因而防控木瓜秀粉蚧存在一定的难度。引进本地天敌在一定范围内能够控制该虫，物理防治难度较大，化学防治效果也不够理想。

（1）物理防治

木瓜秀粉蚧在危害植物初期，种群尚未建立，因此采用人工器械结合修剪，剪去虫枝，集中烧毁；或用铁刷刷除。木瓜秀粉蚧营固定生活，很少活动，因而寄生在局部枝条的植株，采用剪枝和刮除方法。该虫的初孵若虫活动能力强，定向爬动寻觅适生场所危害，从植物枝干基部向上爬行，从枝杈向叶部爬行，可以采用涂胶阻隔或沿树干、枝条、叶片环状涂毒毒杀。持续的强降雨可以冲刷寄生在植物上的木瓜秀粉蚧，使种群数量急剧下降，可以减轻该虫对寄主植物的危害。

（2）生物防治

自然界中木瓜秀粉蚧的天敌有孟氏隐唇瓢虫、小毛瓢虫、草蛉、食蚜蝇等鞘翅目、脉翅目和双翅目捕食性天敌，捕食性天敌还有鳞翅目的蚧灰蝶。澳大利亚每棵树上释放 10 头瓢虫，每公顷释放 5 000 头瓢虫，每头瓢虫一生捕食 3 000~5 000 头木瓜秀粉蚧。2009 年 5 月，斯里兰卡释放外来天敌长索跳小峰 *Anagyrus loecki* Noyes and Menazes、*Acerophagous papayae* Noyes and Schauff 和 *Pseudleptomastrix mexicana* Noyes and Schauff 控制效果达 95%~100%。在关和帕劳也是通过长索跳小峰 3 种天敌昆虫来防治木瓜秀粉蚧，1 年半内能明显控制住该虫种群数量。

（3）化学防治

化学防治该虫可采用 50% 马拉松乳剂 500~1 000 倍稀释液、97% 乳剂或矿物油乳剂 200 倍稀释液进行喷雾防治。由于粉蚧有厚厚的蜡质保护，隐藏在寄主叶片的背部和隐蔽处，以及杀虫剂耐药性问题和对非靶标性昆虫如天敌的伤害，化学药剂防治效果不够理想。

## 6. 附　图

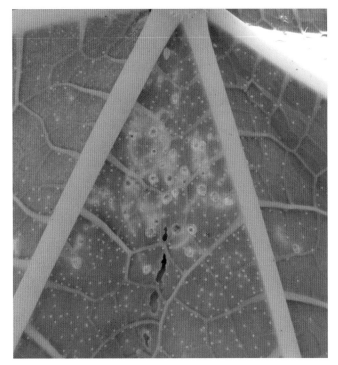

木瓜粉蚧田间为害症状（黄贵修摄）

# 柑橘黄龙病 Citrus huanglongbing

柑橘黄龙病 huang long bing 又称为黄梢病 yellow shoot，俗称为"插金花""鸡头黄"。在中国最早于 1919 年于广东省潮汕地区发现。迄今该病害已经在 11 个省份发生和流行，对柑橘造成的危害极为严重。本病在中国列为国内检疫性病害。柑橘黄龙病是一种毁灭性病害，幼龄树发病后一般在 1~2 年内死亡，老龄树发病后 2~5 年内枯死或丧失结果能力。

### 1. 分　布

柑橘黄龙病除在中国发生外，在东南亚、南亚、非洲东南部、阿拉伯半岛等国家和地区发生流行，巴西圣保罗州和美国佛罗里达州分别于 2004 年 3 月、2005 年 9 月报道该病发生。

### 2. 田间症状

该病属全株性病害，以抽梢期最易显示症状。发病初期的典型症状是在浓绿的树梢中发生 1~2 条或多条发黄的枝梢。其共同症状特点是叶质硬化，无光泽，叶脉微突，黄梢下的老叶仍保持绿色。但由于发病时期不同，发病叶片的症状也有差异。根据病叶片的黄化程度不同，可分为三种症状类型：均匀黄化型、斑驳黄化型和缺素状黄化型。

（1）叶片和病梢症状

① 均匀黄化型。病树新梢上的叶片长至正常大小，在转绿过程中停止转绿，呈现均匀的黄化或淡黄绿色，且叶片很快脱落；多发生在初发病树和夏、秋梢上，春梢较少；椪柑、蕉柑发生较多，温州蜜和甜橙较少，沙田柚极少；同一品种，种植于水田和肥水水平较高的果园发病较多，反之则较少。多发生在初发病树和夏、秋梢上。

② 斑驳状黄化型。病树当年长出的新梢正常转绿，但随着叶片的老化，从叶片基部和靠近基部的边缘部分开始，逐渐褪绿转变浅黄色至黄色，并继续向叶片上部和中间扩展，形成斑驳状黄化；叶片可在树上不脱落。发病的新梢较多，此型黄梢在柑橘不同品种的春、夏、秋梢均可发病，而以春梢发病较多。

③ 缺素状黄化型。叶片主、侧脉及附近叶肉呈绿色，叶脉间叶肉变黄，与缺锌和缺锰的症状相似。病叶小而窄，落叶严重，且不定期抽梢，新梢短而纤细。多发生在中、后期的病树上，或由上一年病梢抽出的新梢上。

（2）其他部位的症状

① 花朵症状。病树开花早，花多，但坐果率极低，花瓣较短小，肥厚，无光泽，多个花朵常聚集成团，故称为"打球花"。

② 果实症状。病果小，畸形，果脐歪斜，着色不均匀或较淡。有些品种，如椪柑和某些橘类品种，果实成熟期会在果蒂附近出现橙红色，而其余部分仍保持绿色，故称为"红鼻子果"或"斜肩果"。而在甜橙类品种和温州蜜柑上，则多出现不着色或着色很浅的"青果"，果皮无光泽，果肉味淡如水，果实质地变软，手捏有软绵感，果农形象地称之为"棉花果"。

③ 根部症状。病树后期新根少，须根腐烂，随后有的大根易腐烂，木质部变黑，根皮易于脱落，最终导致全株枯死。

**3. 病原学**

该病菌为原核生物界，普罗斯特细菌门，侯选韧皮部杆菌属 Candidatus Lierobacter 的三种细菌。根据病菌 16 S rDNA（16S ribosomal DNA）和 β- 操纵子基因的序列特征以及传播媒介、对热的敏感性、发病条件和症状等，将柑橘黄龙病菌分为韧皮部杆菌亚洲种 L. asiaticum、韧皮部杆菌非洲种 L. africanum 和韧皮部杆菌美洲种 L. americanus。其中亚洲种分布最广，危害最大。目前中国的黄龙病菌皆为韧皮部杆菌亚洲种。

病原菌目前尚未能在人工培养基上获得纯培养，故又称为韧皮部难培养细菌。在电镜下观察，菌体多数呈圆形和椭圆形，少数杆状或不规则形。50~60 nm × 170~2000 nm。菌体外面有三层单位膜组成。内外两层的电子密度较浓，而中间层的电子密度较稀，包被厚度为 17~33 nm，平均为 25 nm。与革兰氏阴性细菌的细胞壁的多层结构相似。内部有似核糖核蛋白体质粒及似脱氧核糖核酸线体结构。

病菌革兰氏染色反应阴性，对热和抗生素均较为敏感，用 49 ℃湿热空气处理接穗或病苗 50~60 min 可杀死病菌；用盐酸四环素族、盐酸土霉素或青霉素 G 钾盐等抗生素 1 000 mg/kg 浸泡接穗 2 h，亦可消除病菌。

病菌可通过嫁接、柑橘木虱传播，但不能通过汁液摩擦和土壤、流水传染。病原在柑橘木虱成虫体内的循回期长短不一，短的为 3 d 或以下，长的达 26~27 d。柑橘木虱传播潜育期一般为 2~8 个月。成虫在柑橘苗上取食 5 h 以上即可传病，但不经卵传播。

病菌能侵染各种柑橘类植物，主要为害柑橘属 *Citrus* L.、枳属 *Poncirus trifoliata* 和金柑属 *Fortunella* spp.。包括宽皮橘类、橙类、柚类、枸橼类、金柑类和枳类等的品种和栽培种，品种间的抗病性有差别，其中宽皮橘类、橙类最感病，柚类次之，其他种类较抗病，而枳类最抗病，感染后多不表现病状，尚未发现免疫品种。芸香科 *Severinia buxifolia* 和九里香 *Murraya paniculata* 也是黄龙病的寄主。黄龙病菌还可以在木苹果 *Limomin acidissima* 和黄皮 *Clausena lansium* 存活一段时间，为黄龙病暂时性寄主。在实验室内可通过草地菟丝子 *Cuscuta campestris* Yunck 传染到长春花 *Catharanthus reseus* 上，潜育期为 3~6 个月，也可将长春花上的病原回接到柑橘。

**4. 发生规律**

该病的初侵染来源，在病区主要是田间病株，在新区则主要是带菌接穗和苗木。该病不能通过汁液摩擦传染，也不能通过土壤和流水传播。种子能否传病目前尚未明确。在有病原存在的条件下，病害可通过柑橘木虱在田间辗转传播，使果园在发病后 3~4 年内发病率高达 70%~100%。柑橘木虱终生带菌传病。循回期为 20~30 d，短的仅 1~3 d。幼苗上潜育期一般为 2~8 个月。用病芽嫁接苗木，3~5 个月可以发病，个别最长的嫁接后 6 年才发病。

影响病害发生的因素有以下几个方面。

① 田间病株和媒介昆虫的数量。

在柑橘木虱普遍发生的地区，田间病株的存在及数量的多少是黄龙病发生流行的首要因素。在有柑橘木虱发生的条件下，苗木带病率越高，果园黄龙病扩展蔓延及毁灭的速度就越快。如一个新植柑橘园的苗木发病率超过 5%，或一个成年柑橘园发病率超过 10%，柑橘木虱数量又较多，往往可在 2~3 年内使整个橘园严重发病而丧失经济栽培价值。在无柑橘木虱发生的地区，即使病树较多，病害也不会流行。

② 树龄。

在病区，幼龄树发病往往比老龄树严重，常常出现"先种后死，后种先死"。这是由于幼龄树比老龄树抽梢次数多，柑橘木虱在幼龄树取食、产卵和传播的机会比老龄树多，且幼龄树体较小，一定数量的病原菌进入树体后，繁殖扩散至全株和在树体内达到一定浓度所需要的时间要比老龄树短。老龄树由于封行密闭，通风透光较差，不利于柑橘木虱的活动。故老柑橘园发病往往多从园边开始。

③ 品种抗耐病性。

不同的柑橘品种在感病后的衰退速度有差异。椪柑、蕉柑、大红柑和福橘等品种较感病，幼龄树感病后一般当年或下次梢期就会全株发黄，成龄树感病后也往往在1~2年内迅速黄化衰退，基本丧失结果能力；温州蜜柑、甜橙和柚类较抗耐病，成年树感病后，在肥水管理较好的情况下，在3~5年内还可维持一定的结果量，其他砧木品种如酸橘、红橘、墨西哥莱檬和酸柚等，其本身感病性较强，对接穗品种耐病性无多大影响。

④ 栽培管理。

栽培管理好的果园，柑橘树新梢抽发整齐，老熟快，柑橘木虱数量少，减少了传病的机会，因此柑橘园发病较少较慢。若栽培管理粗放，新梢抽发不整齐，老熟慢，或树冠稀疏，都有利于柑橘树在大丰产之后的当年或翌年严重发病。这除了可能因大丰产的柑橘树体消耗大，生活力减弱，抗病力下降外，更有可能是由于大丰产年的气候条件对柑橘木虱越冬和春梢期的传病活动极为有利，以及丰产后管理跟不上，因而柑橘园往往在大丰产后严重发病。

⑤ 生态条件。

柑橘黄龙病在高海拔山地和山谷的橘园比平原地区发生少且蔓延速度慢。主要由于山区气温低、湿度大，影响村橘木虱的种群建立及种群数量，同时，山地或山谷因受大山阻隔不利于柑橘木虱的迁飞，因而影响黄龙病的发生和流行。

**5. 防治措施（推荐）**

该病防治的原则是以杜绝或消灭病害传播源头扑灭传病媒介柑橘木虱为主要的综合防治措施。

（1）严格实行植物检疫制度

保护无病区和新区，严禁病区的接穗、苗木进入无病区和新植区，新植区从外地引进柑橘种苗时，应要求当地植物检疫部门出具种苗生产合格证书，确定接穗或苗木无黄龙病时方可引入。

（2）建立无病苗圃，培育无病种苗

无病苗圃应选择在无黄龙病和无柑橘木虱发生的地区。无病苗圃选用的砧木种子和接穗等繁殖材料，必须采自无病区或隔离较好的无病柑橘园，并应经过消毒处理后方可使用。

（3）及时防治柑橘木虱

此项措施是疫区预防黄龙病的重要环节，要抓好两个时期：一是每年春芽萌动前，可结合冬季清园，加喷杀虫剂防除；二是每次新梢抽发期，根据虫口密度，连续喷1~2次杀虫剂防除。可选用10%吡虫啉、3%啶虫脒乳油、10%溴氰菊酯乳油、1.8%阿维菌素乳油、5%氟虫腈悬浮剂、20%扑虱灵可湿性粉剂等喷雾，对柑橘木虱的成虫、若虫都有很好的防治效果。

（4）挖除病株、改造病区

在未投产的新柑橘园或轻病的柑橘园，病株率小于10%的，一经发现病株应立即挖除，次年春用石灰消毒后补种二年生的无病大苗。在发病较严重的成年柑橘园，病株率大于20%的，发现病株可先行剪除病枝，到采果后再全株挖除，其空穴不再补种新树，待大多数植株失去经济栽培价值后，实行全园淘汰，重新种植无病苗。

（5）加强栽培管理

通过柑橘园的科学管理，使柑橘树抽梢整齐一致，有利于对柑橘木虱的防治。同时，合理密植，创造有利于柑橘生长而不利于柑橘木虱发生、繁殖和传播气候条件，可以减轻黄龙病的发生和危害。

**6.附　图**

远看像"插金花"，受害叶片逐渐褪绿转变浅黄色至黄色，并继续向叶片上部和中间扩展，形成斑驳状黄化（黄贵修摄）

果实受害状，病果小，畸形，果脐歪斜（黄贵修摄）

# 柑橘溃疡病 Citrus canker

柑橘溃疡病 Citrus bacterial canker disease 是一种世界性重要病害、被我国和国外一些国家列为检疫性病害。该病主要为害柑橘叶片、枝梢和果实，以苗木、幼树受害最为严重，造成落叶、枝枯。果实受害引起落果，轻的带病疤，影响品质和外观。苗木受害后，延迟出圃或不能出圃。

**1. 分布与危害**

该病主要发生在亚洲、非洲、北美洲、南美洲和大洋洲等一些国家和地区，在中国分布普遍，其中以华南各省区发病最为严重。在密克罗尼西亚联邦的丘克和波纳佩州均有分布。

**2. 田间症状**

本病主要危害柑橘叶片、枝梢和果实，而花柱和花瓣不受侵染。

（1）叶片症状

叶片受害，首先在叶背出现黄色或暗黄绿色针头大小的油渍状斑，继而在叶片的两面逐渐隆起，成为近圆形米黄色小病斑，不久病部表面破裂，呈海绵状，隆起显著，木栓化，表面粗糙，灰白色或灰褐色。随后病斑中央凹陷并呈火山口状开裂，周围有黄晕。叶片的病斑常易与疮痂病相互混淆。病斑大小因品种不同而异。在甜橙和柚子的品种上，病斑较大，隆起明显；在酸橙、枳和宽皮柑橘类的品种上，病斑较小，隆起不甚明显。

（2）枝梢症状

枝梢上的病斑与叶片的基本相似，但木栓化和火山口状开裂隆起更明显，但病斑周围无黄色晕圈。当病斑环绕全枝时，枝梢干枯而死。以夏梢受害最为严重。

（3）果实症状

果实上的病斑与叶片相似，但病斑较大，木栓化程度比叶部更坚实，火山口状开裂更加显著。病斑仅限于果皮，严重时引起落果。

本病在干燥环境条件下不表现病征。在多雨潮湿的情况下，病斑上常有病原细菌的黏液溢出，用手触摸有黏质感。

**3. 病原学**

柑橘溃疡病病原为原核生物界，普罗斯特细菌门，黄单胞杆菌属的地毯草黄单胞菌柑橘致病变种 *Xanthomonas axonopodis* pv. *citri*（Hasse）Vauterin = *X. campestris* pv. *citri* Dye。

菌体短杆状，两端圆，极生单鞭毛，能游动，有英膜，无芽孢，大小为（1.5~2.0）μm ×（0.5~1.7）μm。革兰氏染色反应为阴性，好气性。在马铃薯琼脂培养基上，菌落初呈鲜黄色，后转为蜡黄色，圆形，表面光滑，周围有狭窄的白色带。在牛肉汁蛋白胨培养基上，菌落圆形，蜡黄色，有光泽，全缘，微隆起，黏稠。

病原菌生长的适温为 20~30 ℃，最低 5~10 ℃，最高 35~38 ℃，致死温度 55~60 ℃。故此病在亚热带地区发生较为严重。该菌具有耐干燥、耐低温。在室内玻片上可存活 120~130 d。冰冻 24 h，生活力不受影响。但不耐高温高湿，在 30 ℃，饱和湿度下，24 h 后病原菌全部死亡。在田间，病叶上的病菌可存活半年以上，枝干上的病菌可长期保持活力。

该病原菌有明显生理分化，根据其对几种柑橘属植物的不同致病性，柑橘溃疡病至少可分为 3 个菌系。

A 菌系（亚洲菌系）。在葡萄柚、墨西哥莱檬、甜橙和柠檬上发病最严重，并能侵染芸香科 19 个属，人工接种可侵染楝科植物一桃花心木。

B 菌系。能严重侵染墨西哥莱檬和柠檬，对其他柑橘属植物的致病力弱。

C 菌系。在巴西只能侵染墨西哥莱檬，故又称墨西哥莱檬专化型。中国的柑橘溃疡病均属 A 菌系。

病菌主要侵染芸香科的柑橘属、金柑属和枳壳属植物。据巴西报道，酸草 *Trichachne insularlis*（L.）Nees 也是柑橘溃疡病菌的寄主。

**4. 发生规律**

柑橘溃疡病菌主要在病组织（病叶、病果、病梢）内越冬，尤其在秋梢上的病斑是重要的越冬场所，翌年春季在适宜的条件下，病部溢出菌脓，借风雨、昆虫和枝叶接触传播到嫩梢、幼叶和幼果上，只要幼嫩组织保持水湿 20 min，病菌便可由气孔、水孔、皮孔或伤口侵入。在皮层组织迅速繁殖，溶解中胶层，充满细菌间隙，刺激细胞增殖，使组织膨胀，最后形成溃疡病斑。湿度较大时，从溃疡病斑上溢出菌脓进行再侵染，病害还可通过带菌苗木、接穗和果实等繁殖材料的调运作远距离传播，受病菌污染的种子也能传播病害。

该病潜育期的长短取决于柑橘品种、组织老熟程度和外界温度条件。在广西南部的暗柳橙上，春梢潜育期 12~25 d，夏、秋梢 6~21 d，果实 7~25 d。在四川的实生甜橙上，夏梢潜育期一般为 5~11 d，短的 4 d，长的 16 d 以上，在夏季高温干旱条件下，潜育期可达 30 d 以上；本病菌还具有潜伏侵染现象。如有些柑橘品种枝梢在秋季受侵染，冬季不显示症状，而至次年春末夏初历经 140 d 后才表现症状。

发病条件如下。

① 气候因素。高温潮湿多雨是该病发生和流行的必要条件。病原菌生长发育和致病的最适宜温度为 25~30 ℃，在柑橘树生长期温度都能满足发病要求，因此湿度就成为决定性因素。降水有利于病原菌的繁殖和传播。新梢期降水早而多时，发病就早而严重。因此，本病在华南各省区发病较偏北的省份重。沿海地区台风暴雨多，不仅给寄主造成较多的伤口，而且有利于病菌的传播和侵染，病害发生更为严重。此外，雨量的多少还与病斑

的大小有关，春梢期气温低，雨量少，病斑较小；夏、秋梢期高温多雨，则病斑较大，发病严重。

② 栽培管理。合理的施肥，增施钾肥，适当修剪，可以减少夏梢抽发和促使新梢抽发整齐，从而减少发病。偏施氮肥，特别是在夏至前后施用大量速效性氮肥，扰乱了植物营养生长，在柑橘上表现抽梢时期、次数、数量及老熟速度等不一致，会促发夏梢，新梢生长重叠，导致病菌反复侵染传播发病。凡摘除夏梢和通过抹芽控梢，促使秋梢抽发整齐的柑橘园，病害可显著减少。留夏梢的果园和未控制秋梢生长的柑橘园，由于抽梢期正值高温高湿的天气，加上潜叶蛾严重为害，造成大量伤口，病害发生也较为严重。果园不同品种混栽，由于不同品种抽梢期不一致，有利于病菌的辗转传染，同时造成菌源积累，往往降低防治效果，也会使抗病品种由于果园中菌源多，抗病性会减弱，而成为感病品种。此外，柑橘园中除了潜叶蛾，还有恶性叶甲、凤蝶幼虫等害虫的为害，不仅造成柑橘树上出现大量伤口，而且有利于病菌频繁传播侵染，会加剧病害的严重发生。

③ 寄主因素。柑橘不同种类和品种对溃疡病感病性差异也很大。一般甜橙、柚类最感病，柑类次之，橘类较抗病，金柑最抗病。在中国最感病的品种有脐橙、夏橙、香水橙、新会橙、柳橙、沙田柚、葡萄柚、柠檬、枳橙等；蕉柑、椪柑、温州蜜柑、茶枝柑、福橘、年橘、早橘和香橼等感病较轻；金柑、漳州红橘、南丰蜜橘和川橘等抗病性最强。

柑橘品种的感病性与表皮组织结构有着密切关系，气孔是柑橘溃疡病菌侵入的主要途径之一，不同品种叶片气孔分布密度及其中隙大小与感病性呈正相关。甜橙叶片气孔最多中隙最大，最感；橘类和温州蜜柑气孔少而小，比较抗病；柚子的气孔数量和大小介于两者之间，为中度感病；而金柑的气孔分布最稀，中隙也最小，抗病性最强。此外，柑橘器官上油胞多的品种，如橘类和温州蜜柑单位面积上的油胞数比甜及柠橼多一倍以上，气孔数量相应较少，因而减少了病菌侵入的机会，故前者抗病性比后者强。

寄主感病性还与寄主的生育期有关。溃疡病菌一般侵染一定发育阶段的幼嫩组织，对刚抽出来的嫩梢、嫩叶、刚谢花后的幼果以及老熟了的组织都不侵染。因刚抽出的幼嫩组织或器官各种自然孔口尚未形成，病菌无法侵入，当枝梢老化，叶片革质化和果实大部分转黄后，气孔不再形成，已形成的气孔也进入衰老、中隙极小或闭合，病菌侵入困难、则发病基本停止。此外，苗木和幼树生长旺盛，新梢重叠抽生，很不整齐，病菌侵入的机会多，往往发病较严重。成年树和老龄树新梢抽发次数少，数量少，抽梢整齐且较短，病菌侵入机会少，故发病较轻。

**5. 防治措施（推荐）**

（1）加强检疫

由于柑橘溃疡病主要靠人为携带带病果实和苗木进行远距离传播，又以在国际柑橘业中占比重较大的甜橙类最易受害，加上病菌存活力较强。因此，国际上对该病相当重视，并把它列为检疫对象。具体措施是禁止从病区输入苗木、接穗、砧木、种子、果实等。若确实需从疫区引入繁殖材料，则先进行严格消毒，并先行进行隔离试种 2~3 年后确证无病时方可定植。试种过程中一经发现病株，应连同健株一起全部烧毁。

（2）建立无病苗圃，培育无病苗木

① 苗圃选择。苗圃应设在无病区或远离发病柑橘园 2 km 以上的地区；防治措施可参阅柑橘黄龙病。

② 种子、苗木消毒。 砧木的种子采自无病果实，接穗采自无病区或无病果园。种子、接穗、苗木用热水消毒和药液消毒。消毒方法如下：① 种子消毒：50~52 ℃热水预处理 5 min，然后转入 55~56 ℃恒温热水处理 50 min，或用 5% 高锰酸钾浸泡 15 min；或用 1% 福尔马林溶液浸泡 10 min，浸后用清水洗净，晾干后即可播种。② 苗木或接消毒：未抽芽的苗木或接穗可用 49 ℃湿热空气处理接穗 50 min，苗木 60 min。已抽芽的苗木或接穗可用 700 mg/kg 链霉素加 1% 酒精，浸泡 30~60 min。育苗期发现病株，应立即烧毁。经检查无病后，方可允许出圃。

（3）农业防治

① 选用抗耐病品种。 在溃疡病常发区，适当选择抗、耐品种，但应避免感病的甜橙、柚类等品种与较抗病的柑橘类品种混栽。对严重染病的甜橙等品种，可采用高接换种的方法换接较抗病的蕉柑和橘类等品种。

② 搞好田间卫生工作。 冬季做好清园工作，收集病叶、病果和枯枝，并集中烧毁。早春结合修剪，剪除病虫枝、徒长枝和弱枝等，修剪后可喷洒 0.8~1 波美度石硫合剂，以减少侵染来源。

③ 合理施肥和控制夏秋梢。 合理施肥，增施磷、钾肥，避免偏施氮肥，以增强树势，提高抗病性；避免在夏至前后施肥，以免促发大量新梢。根据柑橘溃疡病在温度高、湿度大时繁殖快和夏梢易感病的特点，可在柑橘抽发夏、秋梢时进行适当抹芽控梢，以保持梢期整齐和成熟度一致，是防治病害的有效方法。

（4）化学防治

病害的喷药防治一定要在清除菌源的基础上进行，应做到细致地喷布树冠、枝干，这样才能取得较好的防效。喷药保护应按苗木、幼树和成年树等不同特性区别对待。

① 苗木及幼树以保梢为主。 春梢在萌芽后 30 d 左右，夏、秋梢在萌芽后 10 d 左右时，进行第一次喷药，连续 2~3 次，间隔 7~10 d。

② 成年树以保果为主。 在谢花后 10 d、30 d 和 50 d 各喷药一次。台风暴雨过后还应及时喷药保护幼果和嫩梢。常用的药剂有 12% 松脂酸铜悬浮剂 500 倍液，或 20% 噻菌铜悬浮剂 300~700 倍液，或 30% 氧氯化铜悬浮剂 700 倍液，或 50% 代森铵水剂 500~800 倍液，或 0.5% 波尔多液，或 30% 琥胶肥酸铜悬浮剂 300~500 倍液，或铜皂液（硫酸铜

0.5 kg，水 200 kg），或 15% 络氨铜水剂 300 倍液，或 70% 络氨锌铜 600 倍液，或 50% 退菌特可湿性粉剂 500~800 倍液，或 500~700 mg/kg 农用链霉素加 1% 酒精，或 77% 可杀得悬浮剂 1 000 倍液，或 20% 叶枯唑可湿性粉剂 1 000~1 200 倍液等。

③ 药剂防治害虫。每次在新梢萌发初期（即新梢长 2~3 mm）应及时防治潜叶蛾、卷叶蛾柑橘凤蝶等害虫。可选用 40% 乐果乳油 1 000 倍液，或 10% 氯氰菊酯乳油 2 000~3 000 倍液，或 1.8% 阿维素乳油 4 000~5 000 倍液，或 18% 杀虫双水剂 600~700 倍液等进行喷雾。

**6. 附　图**

在叶片正背面隆起近圆形病斑，表面粗糙呈木栓化（黄贵修摄）

病斑大小因品种不同而异，木栓化程度也不同，周围有明显黄晕（黄贵修摄）

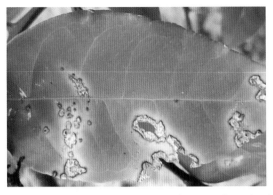

病斑逐渐扩大呈"火山口"状开裂，中央凹陷，周围有黄色晕圈（黄贵修摄）

# 柑橘煤烟病 Citrus sooty mould

柑橘煤烟病又称为煤病、煤污病，在中国柑橘园普遍发生。受害叶片、果实、枝梢表面覆盖一层黑色煤层，影响叶片正常的光合作用，使树势衰弱。

**1. 分布与危害**

煤烟病是柑橘园一种常见病害。在密克罗尼西亚联邦丘克州有发生。

**2. 田间症状**

该病主要为害叶片和果实，也可以为害枝条。初期在病部表面出现 2~3 mm 的暗褐色小霉斑。逐渐扩大形成绒毛状黑色或暗褐色霉层，后期在霉层上散生黑色小粒点（为子囊座）。煤层易剥离或不易剥离。危害叶片严重影响叶片正常的光合作用，致使病树树势衰弱。危害果实致使果实外观变黑，降低商品等级和果品质量。

**3. 病原学**

本病病原菌的种类达 10 余种，主要有子囊菌门的 3 种真菌，一种为核菌纲、小煤炱目、小煤炱属的巴特勒小煤炱 *Meliola butleri* Syd.；另两种为腔菌纲、座囊菌目真菌，包括煤炱属的柑橘煤炱 *Capnodium citri* Berk. & Desm. 和刺盾炱属的刺后炱 *Chaetothyrium spinigerum*（Hohn.）Yamam.。

（1）巴特勒小煤炱 *Meliola butleri* Syd.

为专性寄生菌，在瓶状附着枝上能形成吸器，并伸入寄主的表皮细胞内。菌丝体表生，稠密，黑色。有头状附着器和瓶状附着枝，头状附着器互生或单侧生，向前伸展，双细胞，柄细胞圆柱形，直，长 3.0~7.0 μm；顶细胞近球形，全缘，大小为（10~18）μm ×（8~10）μm；瓶状附着枝和头状附着器混生，对生或互生，瓶状，大小为（15~23）μm×（6~8.5）μm。菌丝刚毛散生或围绕在闭囊壳基部周围的菌丝上着生，数量较多，黑色，直，顶端不分支或分支。闭囊壳球形或扁球形，黑色，有时有刚毛，大小为130~230 μm。子囊椭圆形或卵圆形，壁易消解，（50~66）μm×（30~55）μm，内含两个子囊孢子。子囊孢子长圆形至圆筒形，有4个隔膜，在隔膜处缢缩，初无色，后呈棕色至暗褐色，大小为（35~45）μm×（15~20）μm。

（2）柑橘煤炱 *Capmodiun citri* Berk. & Desm.

菌丝体为暗褐色，表生。子囊座球形或能球形、无刚毛。有孔口直径110~150 μm。子囊长卵形或根棒形，（60~80）μm×（12~20）μm内含8个子囊孢子，子囊孢子长椭圆形，褐色，有纵横隔膜，砖隔状，一般有3个横膈膜，（20~25）μm×（6~8）μm。分生孢子有两种类型，一种由菌丝缩成连珠状再分隔而成的，另一种产生在圆筒形至棍棒形的分生孢子器内。

（3）刺盾炱 *Chaetothyrium spinigerum*（Hohn.）Yamam.

菌丝体为暗褐色，着生于寄主表面。菌丝体上生有刚毛，暗褐色，子囊座球形或扁球形，生于盾状菌丝膜下，也有刚毛。子囊孢子具有3至多个横隔膜，椭圆形至圆筒形，无色，（7.4~18.5）μm×（3.7~6）μm。分生孢子器筒形或棍棒形，顶端膨大成球形，暗褐色。分生孢子椭圆形或卵圆形，单胞，无色。

**4. 发生规律**

该病除小煤炱属以附着枝在寄主表皮细胞内形成吸器吸收养分为纯寄生菌外，其余均为附生菌。以蚧类、粉虱、蚜虫、蜡蝉等害虫的分泌物为营养，繁殖蔓延为害。病菌以菌丝体、子囊座、闭囊壳或分生孢子在病组织上越冬，次年春季借风雨传播危害。

本病从早春至晚秋均可发病，以5~6月发病最严重。大多数煤烟病的发生均与蚧类、粉虱、虫、蜡蝉等害虫为害有着密切的关系，病害随上述害虫活动增强而消长、传播和流行。因此，刺吸式口器害虫的存在，是大多数煤烟病发生的先决条件。仅巴特勒小煤炱所致的煤烟病与害虫的关系不密切。栽培管理不良或荫蔽、潮湿的柑橘园，均有利于煤烟病发病。

**5. 防治措施（推荐）**

（1）农业防治

加强柑橘园管理，适当修剪，以利于通风透光，降低树冠湿度，增强树势，可减轻病害的发生。

（2）化学防治

及时做好蚧类、粉虱、蚜虫、蜡蝉等害虫防治工作。发病初期可喷施0.5∶1∶100波尔多液或50%多菌灵可湿性粉剂400倍液，以抑制病害的蔓延。

## 6.附 图

 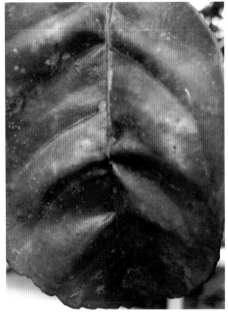

柑橘叶片上覆盖了一层灰黑色霉层，不易脱落，严重影响树体光合作用（黄贵修摄）

# 柑橘藻斑病 Citrus algae spot

### 1.分 布

柑橘藻斑病是由一种低等寄生性藻类植物引起的病害，可造成感病植株树势衰退，影响柑橘生产。

### 2.田间症状

该病主要是在枝条、叶片和果实上出现淡绿色绒毛状粉状物，似青苔。

### 3.病原学

该病的病原为一种弱寄生藻类。病部的毛毡状物为藻类的营养体，后期病部长出的毛状物是孢子囊梗和孢子囊。

### 4.流行规律

高温潮湿天气容易发病。密闭果园、山区果园发病严重。致病藻类以营养体在病部组织上越冬，春季气温回升，雨水多，气候滋润时由风雨、昆虫传播发生为害。

### 5.防治措施（推荐）

参见芒果藻斑病。

**6.附　图**

发病叶片上布满灰白色霉状物，后期逐渐变成褐色霉层（黄贵修摄）

# 黑刺粉虱 *Aleurocanthus spiniferus*

黑刺粉虱 *Aleurocanthus spiniferus* Quaintance 别名桔刺粉虱、刺粉虱、黑蛹有刺粉虱，属同翅目 Homoptera、粉虱科 Aleyrodidae 昆虫。

**1.识别特征**

成虫体长 1.0~1.3 mm，头、胸部褐色，被薄白粉；腹部橙黄色。复眼橘红色。前翅灰褐色，有 7 个不规则白色斑纹；后翅淡褐紫色，较小，无斑纹。雄虫体较小，腹部末端有抱握器。

**2.分　布**

黑刺粉虱主要分布在中国、印度、印度尼西亚、日本、菲律宾、美国、东非、关岛、墨西哥、毛里求斯、南非等国家。黑刺粉虱寄主包括柑橘、槟榔、椰子、油棕、月季、蔷薇、白兰、米兰、玫瑰、阴香、樟、榕树、散尾葵、桂花、九里香等几十种植物。

**3.为害特点**

黑刺粉虱若虫群集在寄主的叶片背面固定吸食汁液，引起叶片因营养不良而发黄、影响叶片的光合作用，致使叶片变黄黑枯死。该虫的排泄物能诱发煤污病，使、叶、果受到污染，导致叶落，严重影响产量和质量。

**4.生活习性**

在中国一年发生 4~5 代，在海南没有越冬现象。各代若虫发生期：第 1 代在 4 月下旬至 6 月，第 2 代在 6 月下旬至 7 月中旬，第 3 代在 7 月中旬至 9 月上旬，第 4 代在 10 月至翌年 2 月。成虫喜较阴暗的环境，多在树冠下面外部老叶活动上活动，卵散产于叶背，散生或密集呈圆弧形，数粒至数十粒一起，每头雌虫可产卵数十粒至百余粒。初孵若虫多在卵壳附近爬动吸食，共 3 龄，2、3 龄固定寄生，若虫每次蜕皮壳均留叠体背。卵期：第 1 代 22 d，2~4 代 10~15 d；蛹期 7~34 d；成虫寿命 6~7 d。

**5. 防治措施**

（1）农业防治

抓好清园修剪，改善柑橘园通风透光性；清除树上外部老叶，合理施肥，避免偏施过施氮肥。

（2）生物防治

主要是保护和利用好天敌，寄生性天敌主要种类包括刺粉虱黑蜂、长角广腹细蜂、黄盾恩蚜小蜂等。龟纹瓢虫、异色瓢虫、红点唇瓢虫和日本刀角瓢虫等对黑刺粉虱的捕食效果较为突出，其成虫和幼虫均嗜食粉虱卵，也能捕食粉虱若虫和初羽化的成虫。

（3）化学防治

于 1~2 龄若虫盛发期喷施 20% 扑虱灵可湿粉、95% 蚧螨灵乳油、90% 敌百虫晶体、80% 敌敌畏、50% 马拉硫磷乳油、40% 敌畏乐果乳油等药剂。

**6. 附 图**

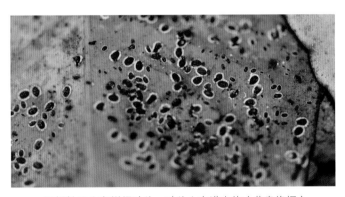

黑翅粉虱为害柑橘叶片，叶片上布满虫体（黄贵修摄）

柑橘叶片正、背面均布满虫体，并分泌甜性物质引起煤烟病（黄贵修摄）

# 番石榴煤烟病 Guava sooty mold

**1. 分　布**

番石榴煤烟病在密克罗尼西亚联邦的科斯雷州有分布。

**2. 田间症状**

该病主要为害叶片，也可为害枝梢和果实。叶片受害，通常在叶的正面形成一层煤烟状的黑色污物，即为病原菌的菌丝体及子实体。为害严重时，叶背面及叶柄甚至小枝都布满黑色煤烟状物，在黑色的煤状物中常混有刺吸式口器害虫分泌的反光发亮的黏质"蜜露"，严重影响光合作用，常由多种真菌混合侵染所致，其发病通常与螺旋粉虱、白粉虱，粉蚧及蜡蝉等刺吸式口器害虫的发生为害相关。

**3. 病原学**

引起番石榴煤烟病的病原菌有多种，通常在同片病叶上有 2~3 种不同真菌同时为害。已报道的病菌有半知菌 *Tetraposporium acerinearum* Hughes.、富特霉菌 *Capnodium footii* Berk. et Desm.、光壳炱菌 *Limacinia* sp.、烟霉菌 *Fumago* sp.、刺盾炱菌 *Chaetothyrium* sp. 等。

*T. acerinearum* 菌丝体表生，色暗，具隔膜，隔膜处有缢缩；分生孢子呈星状，2~5 分叉，大小为（40~75）μm×（30~68）μm。

*C. footii* 子囊菌煤炱属。菌丝体呈串珠状，分生孢子器长颈烧瓶状，中部略为膨大，无柄、无刚毛、不分支，分生孢子单胞无色，卵圆形，大小为（2.0~2.8）μm×（1.8~3.0）μm。

*Limacinia* sp. 子囊菌光壳炱属，菌丝体表生，无附着枝，满丝连接成块状，菌丝体上无刚毛，分生表子器产于菌丝体上，长颈烧瓶状，中部及基都膨大，分生孢于器的颈长不及 *Capnodium* sp.，分生孢子椭圆形，单胞无色，大小为（3.65~6.0）μm×（3.0~3.5）μm。

**4. 流行规律**

病原菌仅限于在寄主表面繁殖蔓延，为寄主表面腐生菌，主要靠刺吸式口害虫分泌的"蜜露"或番石榴枝果表面的分泌物为营养生活。病菌在病组织表面越冬，当螺旋粉虱、白粉虱、粉蚧及蜡蝉等刺吸式口器害虫发生为害时，病菌分生孢子随气流传播至番石榴枝、叶表面害虫分泌的"蜜露"上大量繁殖引发煤烟病。

干旱、郁闭的果园有利于刺吸式口器害虫的发生，容易诱发煤烟病。肥水管理不善、疏于修剪、植株生势衰弱的番石榴果园煤烟病发病重。

**5. 防治措施（推荐）**

（1）农业防治

加强栽培管理 合理修剪，疏除弱枝、交叉阴枝，改善果园通透性；合理施肥灌水，增强树势以减轻发病。

（2）化学防治

防虫治病，及时喷杀虫剂防治螺旋粉虱、白粉虱、粉蚧及蜡蝉等刺吸式口器害虫，以切断病原菌赖以生存的营养来源，从而减轻煤烟病的发生。在煤烟病发生初期，及时喷施1∶1∶100 石灰等量式波尔多液，或 30% 氢氧化铜悬浮剂 600 倍液，或 50% 多菌灵可湿性粉剂 500 倍液，或 40% 三唑酮多菌灵可湿性粉剂 1 000 倍液，或 20 型洗衣粉 200~300 倍液，或 40% 多硫悬浮剂 600~800 倍液等。连喷 2~3 次或更多，隔 7~15 d 喷 1 次。冬季清园时可喷 0.5~1 波美度的石硫合剂杀死越冬病菌。

**6. 附　图**

番石榴煤烟病症状（黄贵修摄）

# 番石榴粉蚧 Guava scales

迄今，已发现 4 科 7 属的 8 种介壳虫为害番石榴，其中粉蚧科 2 属 2 种（橘臀纹粉蚧、堆蜡粉蚧），硕蚧科 1 属 1 种（银毛吹绵蚧），蚧科 3 属 4 种（红蜡蚧、佛州龟蜡蚧、广食褐软蚧、咖啡黑盔蚧），盾蚧科 1 属 1 种（褐缘盾蚧）。从发生数量和为害程度来看，橘臀纹粉蚧 *Planococcus citri*（Risso）发生为害最重，堆蜡粉蚧 *Nipaecoccus vastator*（Maskell）、银毛吹绵蚧 *Icerya seychellarum* Westwood、咖啡黑盔蚧 *Saissetia coffeae*（Walker）次之。

**1. 分　布**

在密克罗尼西亚联邦的科斯雷州有分布。

### 2.为害特点

蚧类害虫是番石榴上的主要害虫种类，主要为害番石榴叶片、枝条和幼果，一般群集在叶片、嫩梢、果柄和果蒂上为害，并能诱发煤烟病。为害叶片，轻者叶片变黄，重者叶片干枯脱落；为害嫩芽，致使幼芽扭曲，不能正常抽发；为害枝条，枝条枯死；果蒂受害表现为畸形肿瘤状，幼果果皮呈瘤状凸起，容易脱落，影响产量和品质；排泄物能诱发煤污病，并招来蚂蚁取食，使植株发育不良，影响品质。

### 3.防 治

（1）生物防治

番石榴园天敌资源丰富，瓢虫和草蛉数量多、捕食量大，对蚧类害虫可起到很好的控制作用。

（2）化学防治

可选用吡虫啉、烯啶虫胺、啶虫脒。若蚧虫中度或少量发生时，可选用阿维菌素乳油，与前3种药剂轮换使用，减缓抗药性的产生。药剂防治时尽量在低龄若虫期施药，效果较好。

### 4.附 图

虫体为害叶片并将产卵在也背面（黄贵修摄）　　虫体集中分布在叶脉上，产卵、羽化，各龄期的虫体均可见（黄贵修摄）

# 诺丽炭疽病 Noni Anthracnose

**1. 分　布**

诺丽又叫海滨木巴戟、海巴戟，其果实具有富含人体细胞体细胞之成分，有强身的效果。2001 年，在夏威夷岛普纳地区首次发现诺丽炭疽病，随后希洛及帕纳瓦区也有发生。降雨频繁或雨量大的诺丽种植区均可发生。调查发现该病在密克罗尼西亚联邦雅浦州有发生。

**2. 田间症状**

叶片受害呈现上出现不规则形小病斑，病斑中部深色至棕褐色。随着病害发展，单个病斑可扩展成云纹状波纹，病斑形成同心环。多个病斑可汇合形成大病斑，常引起叶片叶缘处局部枯萎，造成染病叶片早落。通常情况下，诺丽树冠层和下部叶片浓密处症状最严重。诺丽果实和茎干不易感病。

**3. 病原学**

该病病原为瓜类炭疽菌 *Colletotrichum orbiculare*（Berk. & Mont），属半知菌类、腔孢纲、黑盘孢目、刺盘菌属真菌。在 20~35 ℃条件下诺丽炭疽病菌分生孢子萌发率高；20 ℃是形成附着胞的最适温度；最适合诺丽炭疽病菌分生孢子萌发和形成附着胞的 pH 为 4~8；在日光灯连续光照、12 h 光暗交替和自然光照射条件下分生孢子萌发率在 90%以上，光照对此病原菌附着胞形成的影响差异不大；1% 葡萄糖、麦芽糖、蔗糖、D- 果糖和 α- 乳糖溶液中孢子萌发率都不高。另有报道墨西哥发生的诺丽炭疽病菌病原为 *C. tropicale*。

**4. 流行规律**

气候温暖潮湿相对湿度高时有助于诺丽炭疽病发生，主要依靠孢子借助风和雨水进行传播。

**5. 防治措施（推荐）**

（1）农业防治

加强田间卫生管理，及时清除发病严重的叶片；做好排水措施，控制杂草，合理种植，避免密度过大，注意修剪，从而最大限度地降低叶部湿度。采果时避免手及工具上粘上病原孢子。

（2）化学防治

参见椰子炭疽病。

## 6.附 图

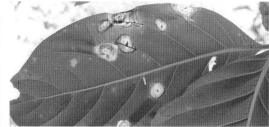

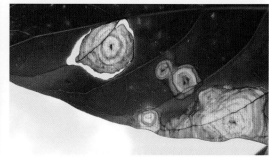

叶片上出现圆形或近圆形褐色病斑，有明显的轮纹（正、背面为害情况）（黄贵修摄）

单个病斑可扩展成云纹状同心环，多个病斑可汇合形成大病斑致叶片枯萎（黄贵修摄）

# ● 蔬菜病虫害

# 辣椒病毒病 Hot pepper viral disease

## 1. 分 布

辣椒病毒病在中国、美国、印度、日本、意大利、加拿大、匈牙利等国家和地区广泛分布，辣（甜）椒病毒病的发生常造成严重的危害和损失。

## 2. 症 状

常见的有花叶型、条斑型、顶枯丛生型和畸形 4 种症状类型。

（1）花叶型

叶上生大型黄绿色环斑，沿脉暗绿色，蚀纹状或橡叶状。有的病斑后期变褐或黑褐色，破裂。果面花斑淡黄至淡褐色，或有瘤突，果小，肉薄，僵硬。

（2）条斑型

上部叶片有时呈现花叶或茶褐色斑点或云纹。叶脉出现褐色或黑色坏死斑或短条斑，或呈现褐色网状脉。坏死斑可沿叶脉向叶柄、果柄、侧枝乃至主茎扩展，呈现长短不一下陷坏死条斑，油浸状，坏死条斑也可直接在茎上形成。果面斑褐色油浸状下陷，条形或不规则形坏死，病果畸形。

（3）顶枯丛生型

病株主长点病死后，腋芽丛生，枝条明显缩短，叶小色淡，结果少或不结果，病株明显矮化呈簇状。

（4）畸 形

病株矮化，蕨叶症，分枝多，叶片丛生等。有时多种症状同时现于一株，导致落叶、落花、落果。

## 3. 病原学

全球已知由 10 余种病毒引起，主要有黄瓜花叶病毒 CMV、烟草花叶病毒 TMV、马铃薯 Y 病毒 PVY、烟草蚀纹病毒（Tobacco etch virus，TEV）、AIMV、蚕豆萎蔫病毒（Broad bean wilt virus，BBWV）等。

PVY 粒子弯曲线状。25 种以上蚜虫非持久性、汁液摩擦和种薯（马铃薯等）传毒。与 PVX 混合侵染形成皱缩花叶，病株矮化。PVY 有 3 个株系：普通株系（$PVY^0$）；烟草脉坏死（褐脉）株系（$PVY^N$）；点条斑株系（$PVY^C$），但不广泛，蚜虫不传。侵染辣椒、番茄、烟草、马铃薯等及一些菊科、豆科、苋科、藜科植物。机械接种可侵染 120 种植物。

TEV 粒子线状。10 多种蚜虫非持久性和汁液摩擦传毒，侵染辣椒、番茄、烟草等。BBWV 粒子球形。蚜虫非持久性和汁液摩擦传毒。侵染茄科、豆科、十字花科、藜科等 20 多种植物。

**4. 防治措施（推荐）**

（1）选用抗病品种

选择适合当地栽培的抗病、高产、优质品种。

（2）农业防治

适时播种，培育株型壮矮的秧苗，或利用保护地设施早栽植、早结果。种子用 10% 磷酸三钠浸泡 20~30 min 后洗净催芽，在分苗定植前和花期分别喷洒 0.1%~0.2% 硫酸锌。加强栽培管理，实行轮作和间套作。施足基肥，勤浇水，尤其在采收期注意保水保肥。

（3）化学防治

发病前注意防治蚜虫。苗床选择周围种植高秆植物的地块，可预防蚜虫迁飞传病。用银灰色的薄膜或纱窗，或用普通农用薄膜涂上银灰色油漆，平铺畦面四周以避蚜，防效可达 70% 以上。利用蚜虫对黄色趋向性强的特点，每亩地插 6~8 块黄色诱蚜板诱杀。药剂治蚜可选用 20% 辛氯乳油、50% 抗蚜威可湿性粉剂、乐果乳油、2.5% 敌杀死乳油、50% 马拉硫磷等药剂喷杀。发病后可选用 20% 病毒 A 可湿性粉剂、病毒 K 可湿性粉剂、1.5% 植病灵乳油、NS-83 增抗剂等药剂喷雾防治，隔 7~10 d 喷 1 次，连喷 2~3 次。

**5. 附　图**

"花叶型"叶上生大型黄绿色环斑，沿脉暗绿色，
蚀纹状或橡叶状（黄贵修摄）　　　　　"畸形"叶片蕨叶状，分枝多，丛生等
（黄贵修摄）

# 辣椒炭疽病 Hot pepper Anthracnose

## 1. 分　布
辣椒炭疽病是常发分布普遍，危害严重的病害，可导致产量减产可达 30% 以上。

## 2. 症　状
主要为害果实，特别是将近成熟的果实最易发生。果实受害，初现水渍状黄褐色圆斑，边缘褐色，中央灰褐色，斑面有凹陷的同心轮纹，轮纹上密生小黑点或橙红色孢子堆。潮湿时病斑表面溢出红色黏稠物，被害果内部组织半软腐，容易干缩，病部常呈现膜状，易破裂。叶片染病，初为褪绿水渍状斑点，后变为褐色，中间淡灰色，近圆形，具有轮生小黑点。茎和果梗有时也受害，着生褐色不规则凹陷斑，干燥时开裂。

## 3. 病原学
病原菌无性阶段半知菌类炭疽菌属，目前多认为有 4 个种：胶孢炭疽菌 *Colletotrichum gloeosporioides*（Penz.）Sacc.、辣椒炭疽菌 *C. capsici*（Syd.）Bade Bis.、球炭疽菌 *C. coccodes*（Wallr.）Hughes [=*C. atramentarium*（Berk. et Br.）Taub] 以及尖孢炭疽菌 *C. acutatum* Simmons。有性阶段子囊菌门、小丛壳属、围小丛壳 *Glomerella cingulata*（Stonem.）Spauld et Schrenk。

辣椒炭疽菌分生孢子盘上生有较多的暗褐色刚毛，（74~128）μm ×（3~5）μm。其隔膜 2~4 个；分生孢子（22~26）μm ×（4~5）μm，无色，新月形，顶部尖，基部钝，单孢。球炭疽菌刚毛少见，分生孢子（7~22）μm ×（3.5~5）μm，无色，单孢球，圆柱状。主害主根和侧根，变褐腐烂，皮层组织坏死，病株叶片变褐萎枯；茎基部空腔内生大量黑色不规则形表面粗糙菌核，其上刚毛不发达，黑褐色，菌核小，5~1.0 μm。前者侵染辣椒、番茄、茄子、大豆、香蕉、苹果、梨等，后者侵染辣椒、番茄、茄子、马铃薯等。

## 4. 发病规律
病菌主要以分生孢子盘和菌丝体在上壤中越冬，也可以菌丝体潜伏在种子里，或以分生孢子附着在种皮表面越冬。分生孢子借雨水、气流传播，从伤口或寄主表皮直接侵入引致发病。发病温度 12~33 ℃，最适温度 27 ℃；孢子萌发要求相对湿度在 95% 以上。病菌在适宜温度范围内，相对湿度 87%~95% 时，潜育期为 3 d，如湿度低，则潜育期长；如相对湿度低于 54% 时则不发病，高温多雨发病严重。田间排水不良，种植密度过大，施肥不当，通风条件差等都会加重病害的发生和流行。

## 5. 防治措施（推荐）
（1）选育抗病品种和种子消毒

一般辣味强的品种都较抗病，用无病株留种，将种子浸入 55 ℃温水中 30 min 后，移入冷水中冷却，晾干后播种。

（2）农业防病

发病严重的地块实行与瓜、豆类蔬菜轮作2~3年。避免在低温地种植，雨后立即开沟排水；合理施肥，不偏施氮肥，增施磷钾肥；注意通风透光，避免栽培过密和预防果实日灼等。

（3）药剂防治

发病初期喷洒2.5%咯菌腈悬浮剂、25%嘧菌酯悬浮剂等。

**6. 附　图**

主要危害果实，特别是将近成熟的果实最易发生（黄贵修摄）

果实上出现黄褐色圆斑，中央灰褐色向内凹陷，有明显的同心轮纹和黑色小点（黄贵修摄）

# 辣椒煤烟病 Hot pepper sooty mold

**1. 分 布**

辣椒煤烟病又叫辣椒污霉病 pepper *Cladosporium* grease（leaf）mold，是棚室辣椒上的特有病害。局部发生时造成减产，全面发生时，使甜辣椒完全丧失商品性而绝收。

**2. 症 状**

主要为害叶片、叶柄及果实。发病叶片表面先出现污褐色霉点，圆形至不规则形，后形成煤烟状物，可布满叶面叶柄及果面，严重整个植株布满黑色霉层，影响光合作用。病叶枯黄脱落，果实提前成熟，不脱落。大棚等保护地内污霉病发生先局部，后逐渐蔓延。

**3. 病原学**

辣椒煤污病病菌为辣椒斑点芽枝霉菌 *Cladosporium capsici*（Marchet Stey.）Kovachersky，属半知菌类真菌。分生孢子梗 50~60 根成束，长约 65 μm；分生孢子单生成链，暗色，1~2 个细胞，间有多细胞的，大小为（10~85）μm ×（3~5）μm。

**4. 发病规律**

病原菌以菌丝和分生孢子在病叶、土壤中或病残体上越冬，条件适宜时产生分生孢子借风雨、粉虱等传播蔓延。湿度大、粉虱多时易发病。

**5. 防治措施（推荐）**

（1）农业防病

选用抗病的保护地栽培专用品种。及时摘除局部发生为害的病虫株、叶、果等集中烧毁或深埋。采收结束，清洁田园。改变大棚、日光温室等保护地栽培环境小气候，使其便于通风，雨后能及时排水，防止空气湿度和雨水滞留。

（2）药剂防治

发病初期喷 40% 多·硫悬浮剂 800 倍液，或 50% 甲基硫菌灵可湿性粉剂 500 倍液，或 50% 混杀硫悬浮剂 500 倍液，或 50% 苯菌灵可湿性粉剂 1 000~1 500 倍液，或 65% 甲霉灵或 50% 多霉灵威可湿性粉剂 800~900 倍液。每隔 10 天喷 1 次，连续 2~3 次。及时防治蚜虫、粉虱及介壳虫。

辣椒煤烟病危害状（黄贵修摄）

**6. 附 图**

# 辣椒青枯病 Hot pepper southern bacterial wilt

**1. 分　布**

辣椒青枯病异名辣椒细菌性枯萎病。青枯病是土壤传播的一类细菌性病害，寄主有辣椒、茄子、番茄、马铃薯、烟草、花生等 50 多个科的数百种植物。

**2. 症　状**

坐果初期发病。发病株顶部叶片萎蔫下垂，随后下部叶片凋萎，最后中部叶片凋萎。发病初期植株中午萎蔫，早晚能恢复，拔出植株可发现多数须根坏死，茎基部产生不定根或不定芽，部分病茎可见 1~2 cm 大小褐色病斑。纵剖茎部，可见维管束变褐。严重时横切面保湿后可见乳白色黏液溢出，有异味，用手拔起，需稍用力。几天后全株死亡。死株仍保持绿色，但色泽稍淡。

**3. 病原学**

青枯假单胞杆菌 *Pseudomonas solanacearum*（Smith）Smith。病菌短杆状，单胞，两端圆，单生或双生，大小为（0.9~2.0）μm ×（0.5~0.8）μm，极生鞭毛 1~3 根。革兰氏染色阴性。从 10~40 ℃均可生长，发病的适宜温度为 20~30 ℃，耐 pH6~8，最适 pH6.6。

**4. 发病规律**

病原菌随寄主病残体遗留在土壤中越冬。若无寄主也可在土壤中存活 14 个月，最长可达 6 年之久。病菌通过雨水、灌溉水、地下害虫、操作工具等传播。多从寄主根部或茎基部皮孔和伤口侵入。前期属于潜伏状态，条件适宜时，即可在维管束内迅速繁殖。并沿导管向上扩展，引起导管堵塞，进一步侵入邻近的薄壁细胞组织，使整个输导器官被破坏而失去功能。茎、叶因得不到水分的供应而萎蔫。

土温 20 ℃时病菌开始活动，土温达 25 ℃时病菌

染病辣椒整株枯萎死亡（黄贵修摄）

活动旺盛，土壤含水量达 25% 以上时有利病菌侵入。当土壤温度达到 20~25 ℃，气温 30~35 ℃，田间易出现发病高峰，尤其大雨或连阴雨后骤晴，气温急剧升高，水分蒸腾量大，易促成病害流行。连作重茬地，缺钾肥，低洼地，酸性土壤，利于发病。

**5. 防治措施（推荐）**

（1）农业防病

① 实行轮作，与瓜类或禾本科作物轮作，坚持 4 年以上不与茄科、豆科作物重茬。最好是水旱轮作。

② 清除病残体，有机肥要充分发酵消毒。增施钾肥有良好效果。

③ 适当控制浇水，严禁大水漫灌，高温季节应在清晨或傍晚浇水。

④ 适期播种，培育壮苗、无病苗。

⑤ 植株生长早期应进行深中耕，其后宜浅耕；至生长旺盛后则停止中耕，以免损伤根系，利于病菌侵染。

⑥ 田间发现零星病株，立即拔除。

（2）药剂防治

新型药剂有康地蕾得，初期浸种，定植初期苗床泼浇，发病初期进行灌根。

**6. 附　图**

染病初期个别枝条和叶片萎蔫，后扩展至整株枯萎，根系维管束变褐（黄贵修摄）

# 烟粉虱 *Bemisia tabaci*

烟粉虱 *Bemisia tabaci*（Gennadius）俗称小白蛾，属同翅目、粉虱科，是一种世界性的害虫。原发于热带和亚热带区，20 世纪 80 年代以来，随着世界范围内的贸易往来，烟粉虱借助花卉及其他经济作物的苗木迅速扩散，在世界各地广泛传播并暴发成灾，现已成为美国、印度、巴基斯坦、苏丹和以色列等国家农业生产上的重要害虫。

**1. 识别特征**

（1）成 虫

雌虫体长（0.91 ± 0.04）mm 翅展（2.13 ± 0.06）mm；雄虫体长（0.85 ± 0.05）mm，翅展（1.81 ± 0.06）mm。虫体淡黄白色到白色，复眼红色，肾形，单眼两个，触角发达 7 节。翅白色无斑点，被有蜡粉。前翅有二条翅脉，第一条脉不分叉，停息时左右翅合拢呈屋脊状。足 3 对，跗节 2 节，爪 2 个。

（2）卵

椭圆形，有小柄，与叶面垂直，卵柄通过产卵器插入叶内，卵初产时淡黄绿色，孵化前颜色加深，呈琥珀色至深褐色，但不变黑。卵散产，在叶背分布不规则。

（3）幼 虫

1~3 龄：椭圆形。1 龄体长约 0.27 mm，宽 0.14 mm，有触角和足，能爬行，有体毛 16 对，腹末端有 1 对明显的刚毛，腹部平、背部微隆起，淡绿色至黄色可透见 2 个黄色点。一旦成功取食合适寄主的汁液，就固定下来取食直到成虫羽化。2、3 龄体长分别为 0.36 mm 和 0.50 mm，足和触角退化至仅 1 节，体缘分泌蜡质，固着为害。

（4）蛹

4 龄若虫：蛹淡绿色或黄色，长 0.6~0.9 mm；蛹壳边缘扁薄或自然下陷无周缘蜡丝；胸气门和尾气门外常有蜡缘饰，在胸气门处呈左右对称；蛹背蜡丝有无常随寄主而异。瓶形孔长三角形舌状突长匙状；顶部三角形具一对刚毛；管状肛门孔后端有 5~7 个瘤状突起。

烟粉虱不同生物型形态特征极为相似，很难区别，可用第 4 龄若虫后期（或称"蛹"）上的第 4 前亚缘毛、尾气门的蜡缘饰作为区别 A 型和 B 型烟粉虱的特征。A 型有 61.7% 的个体有第 4 前亚缘毛，尾气门的蜡缘饰超出尾毛间宽度，而 B 型 93.8% 的个体不具有第四前亚缘毛，尾气门的蜡缘饰不超出尾毛间宽度。B 型烟粉虱为害西葫芦可形成典型的银叶病症状，而非 B 型烟粉虱为害西葫芦则不出现银叶病症状。

**2. 分 布**

烟粉虱是热带和亚热带地区的主要害虫。该虫首次于 1889 年在希腊的烟草上发现。

南美洲、欧洲、非洲、亚洲、大洋洲的很多国家均有分布。80 年代以前，主要在一些产棉国如苏丹、埃及、印度、巴西、伊朗、土耳其、美国等国的棉花上造成损失；80 年代以后，在蔬菜、花卉上也发现此虫为害，如也门的西瓜、墨西哥的番茄、印度的豆类、日本的花卉（一品红）均遭受严重为害。烟粉虱是世界上危害最大的入侵物种之一，现分布在中国、日本、马来西亚、印度、非洲、北美等国，主要为害作物有棉花、烟草、番茄、番薯、木薯、十字花科、葫芦科、豆科、茄科、锦葵科等。

**3. 为害特点**

烟粉虱直接刺吸植物汁液，导致植株衰弱，若虫和成虫还可以分泌蜜露，诱发煤污病的产生，密度高时，叶片呈现黑色，严重影响光合作用。另外，烟粉虱还可以在 30 种作物上传播 70 种以上的病毒病，不同生物型传播不同的病毒。烟粉虱对不同的植物有不同的为害症状：叶菜类如甘蓝、花椰菜受害表现为叶片萎缩、黄化、枯萎；根茎类如萝卜受害表现为颜色白化、无味、重量减轻；果菜类如番茄被害表现为果实成熟不均匀，西葫芦表现为银叶；在花卉上，可以导致一品红白茎、叶片黄化、落叶；在棉花上，使叶正面出现褐色斑，虫口密度高时有成片黄斑出现，严重时导致蕾铃脱落，影响棉花产量和纤维质量。

**4. 生活习性**

烟粉虱的生活周期有卵、若虫和成虫 3 个虫态，一年发生的世代数因地而异，在热带和亚热带地区每年发生 11~15 代，在温带地区露地每年可发生 4~6 代。田间发生世代重叠极为严重。在 25 ℃下，从卵发育到成虫需要 18~20 d 不等，其历期取决于取食的植物种类。据棉花上饲养，在平均温度为 21 ℃时，卵期 6~7 d，1 龄若虫 3~4 d，2 龄若虫 2~3 d，3 龄若虫 2~5 d，平均 3.3 d，4 龄若虫 7~8 d，平均 8.5 d。这一阶段有效积温为 300 日度。成虫寿命 18~30 d。

烟粉虱的最佳发育温度为 26~28 ℃。烟粉虱成虫羽化后嗜好在中上部成熟叶片上产卵，而在原为害叶上产卵很少。卵不规则散产，多产在背面。每头雌虫可产卵 30~300 粒，在适合的植物上平均产卵 200 粒以上。产卵能力与温度、寄主植物、地理种群密切相关。

在棉花上每头雌虫产卵 48~394 粒。在 28.5 ℃以下，产卵数随温度下降而下降。在美国亚利桑那州，棉花品系的烟粉虱在恒温和光照条件下，低于 14.9 ℃时不产卵。烟粉虱的死亡率、形态与植物成熟度有关。有报道称在成熟莴苣上的烟粉虱一龄若虫死亡率为 100%，而在嫩叶期莴苣上其死亡率 58.3%。在有茸毛的植物上，多数蛹壳生有背部刚毛；而在光滑的植物上，多数蛹壳没有背部刚毛；此外还有体型大小和边缘规则与否等的变化。

**5. 防治措施（推荐）**

（1）物理防治

粉虱对黄色，特别是橙黄色有强烈的趋性，可在温室内设置黄板诱杀成虫。

（2）农业防治

温室或棚室内，在栽培作物前要彻底杀虫，严密把关，选用无虫苗，防止将粉虱带入保护地内。结合农事操作，随时去除植株下部衰老叶片，并带出保护地外销毁。

（3）生物防治

丽蚜小蜂 *Encarsia formosa* 是烟粉虱的有效天敌，可配合使用高效、低毒、天敌较安全的杀虫剂，有效地控制烟粉虱的大发生。此外，释放中华草蛉、微小花蝽、东亚小花蝽等捕食性天敌对烟粉虱也有一定的控制作用。在美国、荷兰利用玫烟色拟青霉 *Paecilomyces fumosoroseus* 制剂防治烟粉虱，美国环保局在推广使用白僵菌 *Beauveria bassiana* 的 GHA 菌株防治烟粉虱。

（4）化学防治

作物定植后，应定期检查，当虫口较高时，要及时进行药剂防治。防治烟粉虱成虫，可使用阿维菌素、呋虫胺和氟啶虫胺腈能得到较好的效果；在若虫阶段，溴氰虫酰胺及螺虫乙酯对烟粉虱的防治效果高于吡丙醚；在卵的阶段，溴氰虫酰胺防治效果高于螺虫乙酯，并且螺虫乙酯抗性增长迅速，要注意药剂的使用。烟雾法：可选用22%敌敌畏烟剂 3.75 kg/hm²，或20%异丙威烟剂 3.75 kg/hm² 等，在傍晚收工时将棚室密闭，把烟剂分成几份点燃熏烟杀灭成虫。在应用天敌的棚室，可选用对天敌安全的药剂。

**6. 附　图**

烟粉虱为害症状（引自必应文库）

https://es.wikipedia.org/wiki/Bemisia_tabaci

# 黄瓜棒孢叶斑病 Cucumber Corynespora leaf spot

黄瓜棒孢叶斑病又称褐斑病、靶斑病，该病发生严重，可侵染茎、叶、花和果实，以害叶片为主，形成枯斑，之后迅速发展，病斑连片，干枯，引起植株早衰，提前拉秧。一般病田发病率为 10%~25%，严重时可达 60%~70%，甚至 100%。在很多地区防治难度超过黄瓜霜霉病。

**1. 分　布**

黄瓜棒孢叶斑病，是一种世界性病害，在密克罗尼西亚联邦雅浦州亦有分布。

**2. 田间症状**

黄瓜棒孢叶斑病主要为害叶片，中部叶片先发病，后逐渐向下扩展，而幼龄叶片发病较轻。被害叶片病斑圆形、近圆形或不规则形，病斑大小差异很大，可分为大型斑、小型斑和角状斑 3 种类型，高温高湿、植株长势旺盛时多产生大型病斑；低温低湿时发病初期的黄瓜新叶上多表现为小型病斑。

（1）小型斑

发病初期，叶片出现淡黄色的小点，中间灰白色，略凸陷，后逐步发展，小黄点颜色逐步加深，病斑变大。叶背面，可见水浸状的小点，之后，病斑颜色进一步加深。叶片背面与叶片正面病斑大小相同，也为黄色小圆斑，中间灰白色，病部稍隆起逐渐扩展布满整个叶片。 形成褐色坏死，后期，病斑会连成片同时也出现少量受叶脉限制的角状病斑，易与黄瓜霜霉病及角斑病相混淆，后期，病斑连成一片不受叶脉限制，可以盖住叶脉的，靶斑，叶背面几乎没有黑色霉层，对光有黄色晕圈。该病发病速度特别快，用药不及时直接就是从下向上蔓延，为害新叶有的叫赶尖。这个就是后期枯死的症状。该病可以与霜霉病等其他病害混合发生。

（2）大型斑

发病初期叶片正面为黄色圆形病斑，背面水渍状，后期病斑呈圆形大斑，中央灰白色，外围褐色，部分病斑呈轮纹状，易与炭疽病相混淆，同时在发病叶片上也可出现小型斑及受叶脉限制的角状病斑。与炭疽病最大的区别在于棒孢叶斑病有明显的轮纹而炭疽病没有。

**3. 病原学**

病原菌为多主棒孢 *Corynespora cassiicola*（Berk & Curt）Wei，属半知菌类、丝孢纲、丝孢目、暗色孢科、棒孢属真菌，是一种广泛分布的多寄主真菌，可为害葫芦科、茄科、十字花科、豆科蔬菜，还能为害木薯、烟草、葡萄、桉树以及一些观赏植物，使寄主叶片产生病斑或叶缘坏死，但难以侵染芹菜、水萝卜、烟草、苦瓜等。目前报道较多的为该病菌对橡胶、芝麻、大豆、黄瓜、番茄的侵染。因此，多主棒孢霉不仅是保护地两大重要作物番茄和黄瓜的致病菌，也是多种蔬菜潜在的致病菌。

**4. 流行规律**

黄瓜棒孢叶斑病病原菌菌丝生长最适温度为 28 ℃，产孢的最适温度约为 30 ℃，孢子萌发需要较高的湿度，相对湿度 90% 以上才能萌发，水滴中萌发率最高。因此，多主棒孢菌具有喜温好湿的特点，高温、高湿有利于该病的流行和蔓延。叶面结露、光照不足、昼夜温差大都会加重病害程度，昼夜温差越大病菌繁殖越快。另外，施用过量氮肥，造成植株徒长或多年连作，均有利于发病。通风透光差时病害发生严重；多雨、凉夏时发病多，秋季延后栽培时应加注意。此外，带菌的种子也是造成该病流行的重要原因。

**5. 防治措施（推荐）**

（1）农业防治

选用抗病品种，加强栽培管理，提高植株抗性。在上茬黄瓜拉秧后，及时清除病残体，或利用硫黄熏蒸消毒，以减轻下茬黄瓜初侵染源。播种前对种子进行热消毒处理消灭种子表面（55 ℃，时间 10 min）所带病菌，可减轻病害的发生。通过降低保护地内空气湿度、减少结露机会等生态措施创造不利于病菌扩展的温、湿条件，能有效控制该病的为害。

（2）化学防治

发病初期可及时施用 40% 腈菌唑乳油、40% 嘧霉胺悬浮剂喷雾防治，5~7 d 喷 1 次，连喷 3 次。防治过程中一定要减少杀菌剂的使用频率和剂量，并且不同作用机制的杀菌剂轮换使用。

**6. 附　图**

黄瓜棒孢霉叶斑病整体为害情况（黄贵修摄）　　　"小斑型"淡黄色的小点中间灰白色，略凹陷，背面水浸状的小点（黄贵修摄）

"大斑型"圆形大斑，中央灰白色，外围黄褐色呈轮纹状（黄贵修摄）

# 苦瓜尾孢叶斑病 Bitter gourd Cercospora leaf spot

**1. 分　布**

苦瓜尾孢叶斑病在中国海南省多有发生，调查发现密克罗尼西亚联邦雅浦州也有发生，为害较重。

**2. 田间症状**

苦瓜尾孢叶斑病主要危害叶片。叶斑灰褐色至灰白色，近圆形至不规则形，通常较细小（横径1~4 mm不等，少数横径超过5 mm）。潮湿时斑面出现灰白至暗灰色霉，此即为本病病征（分孢梗及分生孢子）。

**3. 病原学**

苦瓜尾孢叶斑病病原为子囊菌门、座囊菌纲、煤炱目、球腔菌科、尾孢属的瓜类尾孢 *Cercospora citrullina*（Fuckel）Rehm。

**4. 流行规律**

病菌以菌丝体和分孢座随病残体遗落在土中越冬，以分生孢子作为初侵与再侵接种体，借助气流或雨水溅射传播，从气孔或贯穿表皮侵入致病。高温多湿的天气有利于发病。在广州地区，6—8月的高温季节常发生本病，这期间如降雨日较多，湿度大，往往发病较重。品种间抗病性差异尚缺调查。

### 5. 防治措施（推荐）

本病与炭疽病常混合发生，认真做好炭疽病的防治也可兼治本病，一般无须单独防治。在以本病发生为主的田块，除参照炭疽病的防治用药外，还可喷施 50% 多霉威可湿性粉剂、50% 混杀硫悬浮剂、60% 防霉宝超微可湿性粉剂、40% 多硫悬浮剂、50% 甲羟鎓水剂。同时，注意无病早防、见病早治。

### 6. 附 图

叶片出现灰褐色至灰白色近圆形至不规则形小斑，略有黄晕（黄贵修摄）

# 黄守瓜 Pumpkin beetles

黄守瓜 *Aulacophora* sp. 又名瓜守、黄虫、瓜叶虫、黄黄、瓜萤等，属叶甲科、守瓜属昆虫，是瓜类蔬菜重要害虫之一。在中国，主要有黄足黄守瓜 *Aulacophora femoralis*（Motsch.）和黄足黑守瓜 *A. lewisii* Baly。在密克罗尼西亚联邦雅浦州发生的黄守瓜足为黑色，虫体橙黄色，暂称之为黑足黄守瓜，具体分类地位有待进一步确定。

**1. 识别特征**

（1）成　虫

黄足黄守瓜体长卵形，长 6~9 mm，后部略膨大，橙黄或橙红色。头部光滑无刻点，额宽，触角间隆起似脊。触角丝状，基节较粗壮，第 2 节短小，以后各节较长。前胸背板宽约为长的两倍，中央具一条较深而弯曲的横沟，其两端伸达边缘。鞘翅在中部之后略膨阔，翅面刻点细密。雄虫触角基节极膨大如锥形。前胸背板横沟中央弯曲部分极深刻，弯度也大。鞘翅肩部和肩下一小区域内被有竖毛。尾节腹片三叶状，中叶长方形。雌虫尾节臀板向后延伸，呈三角形突出，尾节腹片呈三角形凹缺。

（2）卵

近球形，长径约 0.7 mm，淡黄色，表面密布六角形细纹。

（3）幼　虫

共 3 龄，体细长，圆筒形。成长幼虫体长约 12 mm，头褐色，胸、腹部黄白色，口器尖锐，腹部末节硬皮板为长椭圆形，向后方伸出，上有圆圈状褐色斑纹，并有纵向凹纹 4 条。臀板腹面有肉质突起，上生微毛。

（4）蛹

裸蛹，纺锤形，长约 9 mm，乳白色，头顶、腹部及尾端有粗短的刺。

**2. 分　布**

黄足黄守瓜在中国分布广泛，朝鲜、日本、西伯利亚、越南也有分布。

**3. 为害特点**

黄守瓜食性广泛，几乎为害各种瓜类，也为害芒果、柑橘、桃、梨、苹果、朴树和桑树等。主要以成虫取食寄主叶片，将叶片咬成环形、半环形痕迹或孔洞。

**4. 生活习性**

年发生约 3 代。成虫食性广，卵产于土面上。幼虫生活在土内，老熟幼虫在土中化蛹。

**5. 防治措施（推荐）**

（1）农业防治

利用其假死性，人工捕杀成虫。

（2）化学防治

可选用 90% 敌百虫晶体、48% 乐斯本乳油 1 000 倍液或 2.5% 鱼藤酮乳油 500~800 倍液等喷雾。

**6. 附　图**

黄守瓜为害症状（黄贵修摄）

# 芋头疫病 Taro blight

**1. 分　布**

芋头疫病又称芋瘟，调查发现该病在密克罗尼西亚联邦科斯雷州有发生。

**2. 田间症状**

病原菌主要侵染叶片，叶柄和球茎也会被侵染，可同时发病。初次侵染叶片会产生圆形黄褐色病斑，后期产生轮纹状病斑，病斑四周有水渍状暗绿色环带。湿度大时，叶背部分斑面会出现白色粉状霉层。发病后期，病斑部位穿孔，严重时仅剩叶脉。叶柄染病时，会出现长椭圆形或不规则的暗褐色病斑，周围组织褪色变黄，严重时叶柄变软腐烂折倒，整片叶枯萎。球茎被侵染后，侵染部位变褐腐烂，严重时整个球茎变褐腐烂。

**3. 病原学**

芋头疫病由假菌界、卵菌门、卵菌纲、疫霉属的芋疫霉菌 *Phytophthora colocasiae* Racib. 侵染所致。

**4. 流行规律**

该病原菌生命力极强，主要以菌丝体或卵孢子在芋球茎内或附着在病残体上在土壤中越冬，成为来年发病的初侵染源，并通过风雨传播。

#### 5. 防治措施（推荐）

（1）农业防治

选用地势高燥，无重茬，病原菌和农药残留的地块，宜实行水旱轮作。留种以田间选株为主，选无病虫害、结球集中、符合本品种特征的健壮株做种。将发芽的球茎用 25% 甲霜灵或 90% 三乙磷酸铝浸 30 min 后种植。严格控制种植密度，实现高垄单或双行种植，以方便排灌和调节田间湿度。加强水肥管理，地势低洼、地下水位偏高、长期渍水田块注意排水。增施磷、钾肥和农家有机肥，配方平衡施入氮、磷、钾肥，促进植株苗壮成长和提高其抗病性。实行单排单灌，雨季要及时清沟排水。加强田间检查，一旦发现发病病芋，及时拔除并带出田外处理，以减少病源菌的初侵染来源。同时，也对病穴消毒灭菌，穴内及周边撒施生石灰。

（2）化学防治

栽种前用 64% 恶霉·锰锌（杀毒矾）可湿性粉剂、50% 甲基硫菌灵可湿性粉剂浸泡种芋 5~10 min 消毒，或栽种前用 58~60 ℃温水或 35% 炭特灵浸泡种芋 10 min 消毒。及早喷药预防，发病前至发病初期，可选用 25% 甲霜灵粉剂、90% 三乙磷酸铝可湿性粉剂、双炔酰菌胺悬浮剂、60% 锰锌·氟吗啉进行防治。一般预防用药 10~15 d 进行一次，发病后初期，5~7 d 用药防治一次，连续用药 2~3 次。

#### 6. 附　图

叶片上出现圆形黄褐色病斑，后期产生轮纹状病斑，病斑四周有水渍状暗绿色环带（黄贵修摄）

叶柄上出现长椭圆形或不规则的暗褐色病斑，周围组织褪色变黄或变软腐（黄贵修摄）

田间整体发病情况，严重时整片叶枯萎、倒折（黄贵修摄）

# ● 花卉病虫害

# 鸡蛋花锈病 Plumeria rust

**1.分　布**

鸡蛋花 *Plumeria rubra* L. 锈病发生非常普遍，在鸡蛋花种植区域均有发生，为害严重。

**2.田间症状**

病害初期叶背面产生橘黄色粉堆或不规则点状粉末的夏孢子堆，随着时间延长粉末点越来越密，叶正面相应位置出现小的浅黄色病斑，后期叶背多出现枯，造成叶片光合作用受阻，严重时导致叶片脱落。

**3.病原学**

病原为鸡蛋花鞘锈菌 *Coleosporium plumierae* Pat.，属于真菌门、担子菌亚门、冬孢菌纲、锈菌目、栅锈科、鞘锈菌属真菌。夏孢子堆散生，圆形，直径 0.5~10 mm，裸露，橙黄色，粉状；夏孢子球形至椭圆形，28.4 μm × 23.7 μm，壁上有瘤状凸起，壁无色。

**4.流行规律**

锈病是鸡蛋花主要病害，为害植株叶片，常年发生，病害发生率可达 90% 以上，严重时叶片布满夏孢子堆，叶片枯萎掉落。病菌现只发现夏孢子阶段，并通过气流传播重复侵染。

**5.防治措施（推荐）**

（1）种植抗病品种

鸡蛋花种类和品种抗锈病能力有明显差异，选育抗锈病品种，是防治锈病经济有效的途径。

（2）农业防治

秋季到翌年早春或植物休眠期，彻底清扫落叶、病叶，生长季及时除去病叶并集中处理，45% 石硫合剂 100~150 倍液喷雾减少菌源。加强栽培管理，增加土壤通透性，多施腐熟有机肥和磷钾肥，勿偏施氮肥，提高植株抗病能力；从无病区引入苗木，及时消毒。

（3）化学防治

每年 4、5 月份或根据叶片生长情况，用波美度 5 度的石硫合剂或 45% 石合剂 100~150 倍液喷雾预防锈病。发病初期用 65% 代森锰锌可湿性粉剂 1 000 倍液或 75% 百菌清可湿性粉剂 1 000 倍液喷雾防治；发病后期用 25% 粉锈宁乳油 2 000 倍液 +65% 代森锰锌可湿性粉剂 1 000 倍液或 25% 敌力脱乳油 2000 倍液 +70% 甲基托布津可湿性粉剂 1 000 倍液喷雾防治。

**6. 附　图**

叶背面产生橘黄色粉堆或不规则点状粉末的夏孢子堆，叶正面相应位置出现小的浅黄色病斑（黄贵修摄）

# 堆蜡粉蚧 *Nipaecoccus vastalor*

为害鸡蛋花的介壳虫主要为堆蜡粉蚧 *Nipaecoccus vastalor* Maskell，属同翅目，粉蚧科昆虫。

**1. 识别特征**

（1）成　虫

雌虫桶圆形，长 3~4 mm，体紫黑色，触角和足草黄色。全体覆盖厚厚的白色蜡粉，在每一体节的背面都横向分为 4 堆，整个体背则排成明显的 4 列。在虫体的边缘排列着粗短的蜡丝，仅体末 1 对较长。雄成虫体紫酱色，长约 1 mm，翅 1 对，半透明，腹末有 1 对白色蜡质长尾刺。卵：淡黄色，椭圆形，长约 0.3 mm，藏于谈黄白色的绵状蜡质卵囊内。

（2）若 虫

形似雌成虫，紫色，初孵时无蜡质，固定取食后，体背及周缘即开始分泌白色粉状蜡质，并逐渐增厚。

（3）蛹

外形似雄成虫，但触角、足和翅均未伸展。

**2. 分 布**

在密克罗尼西亚联邦丘克州有发现，同时还存在一种未知粉虱和鸡蛋花锈病共同为害鸡蛋花。

**3. 为害特点**

主要为害鸡蛋花的幼嫩部位，以雌成虫和若虫吸食植物叶片汁液，影响植株生长，叶片被害后常皱缩、畸形。另外，粉蚧分泌的蜜露污染叶片，可导致煤烟病发生，降低叶片光合作用功能。

**4. 生活习性**

堆蜡粉蚧在深圳每年发生 6 代，以若虫虫和成虫在树干、枝条的裂缝或洞穴及卷叶内越冬。2 月初开始活动，并在 3 月下旬前后出现第一代卵囊。各代若虫发生盛期分别出现在 4 月上旬、5 月中旬、7 月中旬、9 月上旬，10 月上旬和 11 月中旬。

**5. 防治措施（推荐）**

（1）检疫措施

尤其是外地苗木，除有检疫证外，种植前要严格复检复查，严格控制介壳虫随花木调运，造成人为传播。

（2）农业防治

合理确定种植密度，以保持良好的通风和透水功能；加强肥水管理，适时浇水、施肥，少施氮肥，多施磷钾肥，增强树势及植株的自然抗虫力。结合整枝修剪，剪除严重虫枝，以减少虫源，降低为害。

（3）化学防治

堆蜡粉蚧繁殖力强，发生隐蔽，能转植株为害，虫体外有蜡质，所以防治相对困难，发生后需要多次进行防治。药物防治时抓住第 1 代粉蚧孵化盛期，此期作好防治，可大大降低当年的虫害。用 40% 速扑杀乳油、10% 吡虫啉可湿性粉剂、10% 啶虫脒乳油、40% 乐果乳油、12% 虫螨腈悬浮剂喷雾防治。

## 6. 附　图

堆蜡粉蚧附在叶片背面进行为害，集中在主脉和侧脉附近吸食汁液（黄贵修摄）

堆蜡粉蚧和螺旋粉虱共同为害鸡蛋花（黄贵修摄）

# 美人蕉锈病 Plumeria rust

美人蕉锈病是美人蕉的主要病害之一，发生严重时可造成叶片黄化、枯死。一般发病率在70%~100%，严重影响美人蕉的观赏价值。

**1. 分　布**

美人蕉锈病是城市街道两旁或庭院种植的美人蕉上最为常见的病害。

**2. 田间症状**

主要为害叶片、茎秆。发病初期在叶片产生褪绿色圆形水渍状斑点，叶片正背两面均可见。随着病斑的进一步扩大，形成疱斑突起。病斑黄褐色或褐色，边缘黄绿色，直径

2~6 mm。疱斑多生于叶背，也有生于叶正面的，破裂后散出橘黄色粉末状物，即夏孢子堆。冬天在病斑上产生深褐色粉状物，即冬孢子堆，重病叶片上病斑密集连片，导致叶片组织坏死。

**3. 病原学**

病原菌为担子菌门、冬孢菌纲、锈菌目、柄锈菌属、美人蕉柄锈菌 *Puecinin cannae*（Wint.）P. Henn。夏孢子堆为橙黄色，夏孢子黄白色至橙黄色，长卵圆形至椭圆形，具有刺状突起，壁厚，生于短梗上，大小为（20~25）μm ×（16~22）μm。冬孢子长椭圆形或棍棒形，顶端圆或略扁平，下窄，双胞，分隔处有缢缩，淡黄色，大小为（35~60）μm ×（13~18）μm。

**4. 流行规律**

病原菌以夏孢子经风传播，能多次侵染。在一个生长季节里，病害往往发生严重。一般在每年的 4 月份开始发病，10—12 月天气凉爽发病严重。炎热干燥天气则发病较轻。温暖潮湿的热带地区可周年发病。

**5. 防治措施（推荐）**

（1）农业防治

种植无病种苗；每年冬季要及时清除病残体。在生长季节，应不定期剪除病叶，并集中烧毁。

（2）化学防治

参考鸡蛋花锈病。

**6. 附 图**

美人蕉锈病为害叶片症状（黄贵修摄）

染病叶片背面散生的夏孢子堆（黄贵修摄）

# 特色经济作物病虫害

# ● 木薯病虫害

## 木薯细菌性萎蔫病 Cassava bacterial blight

### 1. 分 布

木薯细菌性枯萎病是一种世界性病害，最早于1900年在拉丁美洲发现，1912年在巴西有发生记载，1972年在亚洲有正式的发生报道。目前，该病害已经广泛分布在亚洲、非洲和南美洲的木薯产区。在南美和非洲，该病害是木薯毁灭性的病害之一，可造成木薯产量损失达12%~90%，品质也严重下降，严重时可造成毁种绝收。

### 2. 田间症状

病原菌主要危害木薯的叶片和茎秆，首先危害完全展开的成熟叶片，然后逐渐扩散。叶片和茎秆均可被侵染，最初出现水渍状、暗绿色的角形病斑，随后扩大或汇合。天气干燥时病斑不再扩展，变为褐色或黄褐色，条件适宜时，病斑可进一步水渍状扩展。湿度很大时，病斑迅速大面积扩展，形成深灰色水渍状腐烂。湿度适宜时，受害叶片常凋萎、干枯脱落。嫩枝、嫩茎和叶柄发病时出现水渍状病斑，病部凹陷并变为褐色，后期变成梭形或开裂状，其周围着生的叶片出现凋萎，严重时顶端回枯。染病的茎秆和根系的维管束出现干腐、坏死。严重时嫩梢枯萎，大量叶片脱落，甚至全株死亡。雨季或田间湿度大时叶片和茎秆上的病斑易出现黄色至黄褐色的菌脓。

### 3. 病原学

该病病原菌为地毯草黄单胞木薯萎蔫致病变种 *Xanthomonas axonopodis* pv *manihotis*，属菌物界、变形菌门、γ变形菌纲、黄单胞菌目、黄单胞菌科、黄单胞杆菌属细菌。

### 4. 流行规律

病菌在老熟茎秆的韧皮部存活，常通过带病的植株插条或育种材料或种子的调运进行远距离传播。在田间主要通过雨水、昆虫及带菌工具进行传播。高温多雨季节易发病，台风雨季节病害易发生且危害严重。另外，品种间的抗病性存在一定的差异。植株的感病程度，因品种和发病时间的不同而有所不同。

**5.防治措施（推荐）**

（1）检疫措施

严格实行植物检疫，繁育和栽植无病种茎（苗）。

（2）农业措施

加强田间管理；选用耐病品种（华南6号、华南7号、华南9号和华南10号等）；发现病株后及时拔除。

（3）化学防治

台风雨过后病害开始加重时，可喷洒治农菌、中生菌素、噻菌铜等药剂进行防治。

**6.附　图**

受害叶片出现水渍状角型病斑，之后形成深灰色水渍状腐烂（黄贵修摄）

最初出现水渍状、暗绿色的角形病斑，随后扩大或汇合，嫩叶枯萎（黄贵修摄）

# 木薯褐斑病 Cassava Brown Leaf Spot

### 1. 分  布

木薯褐斑病是世界木薯种植区广泛发生的病害，最早于 1885 年在非洲东部发现，随后在印度（1904 年）和菲律宾（1918 年）发现，70 年代后相继在巴西、巴拿马、哥伦比亚、加纳等国家出现，且发病非常严重。据报道，20 世纪 70 年代，在加纳几乎所有的木薯都感染上此病。

### 2. 田间症状

病原菌最初为害植株的下层叶片，随后向植株高处和四周扩散。叶片受侵染后，发病初期为水渍状病斑，墨绿色，近圆形或不规则；以后扩大变成灰褐色；典型成熟病斑的正反两面均为褐色，近圆形或不规则形，病斑中央色泽较深并有同心轮纹，边缘黑褐色，病斑周围的叶脉常出现轻微变色（通常为黑色）。病斑有时扩展并汇合成不规则大斑块。发病后期病斑中央破裂、穿孔，潮湿时，叶片下表皮病斑上有灰橄榄色的粉状物，是病原菌子实体及分生孢子。发病叶片最终黄化、干枯并提前脱落。

**3. 病原学**

该病病原菌为半知菌类 deuteromycotina、丝孢纲 Hyphomycetes、丝孢目 Hyphomycetales、暗色孢科 Dematiaceae、钉孢属的亨宁氏钉孢 *Passalora henningsii*（Allesch.）R. F. Castaneda & U. Braum。

**4. 流行规律**

高温有利于褐斑病的发生，湿度大时病害发生更为严重。木薯生产中后期通常容易发生，特别是木薯生长 5 个月以后发病尤为严重。田间条件适宜时，病斑上能产生大量分生孢子，借助风雨进行传播。高温、高湿季节发病最为严重。病原菌常在田间木薯病残体上越冬，成为第二年的侵染来源。

**5. 防治措施（推荐）**

（1）农业措施

选用抗病种质；种植时注意选用健康种茎；适时施肥、除草、消灭荒芜；合理种植行距株距，降低田间湿度以减缓病害发生与流行。

（2）化学防治

注意加强田间病害监测，特别是在病害易发生季节，以把握病害防治时机；常用的有效药剂主要有 50% 多菌灵粉剂、25% 咪鲜胺乳油和 25% 丙环唑乳油等。0.1% 多菌灵或0.1% 托布津也能有效减轻病害发作。

**6. 附 图**

发病初期为水浸状病斑，墨绿色，近圆形或不规则，之后扩大变成灰褐色典型有同心轮纹（黄贵修摄）

# 木薯炭疽病 Cassava anthracnose

### 1. 分　布

木薯炭疽病是木薯生产中危害最严重的一种世界性病害，由胶孢炭疽病菌侵染所致。1903 年该病最早发现于东非的坦桑尼亚、1904 年巴西也发现了该病害的为害，随后马达加斯加（1936 年）、波多黎各（1939 年）、尼日利亚和扎伊尔（1953）等地均有发生，目前已经扩散到世界各木薯主要种植区。

### 2. 田间症状

木薯嫩叶最先受害，病菌侵染后，发病部位出现褪绿、然后形成淡褐色或暗褐色的病斑。叶片扭曲、干枯，部分或者全部坏死。病斑中央浅褐色，边缘褐色，发病严重时叶片脱落。病原菌也能危害幼嫩枝条，形成溃疡和干枯。湿度大时，病斑中心常出现粉红色小点，即为病原菌的分生孢子堆。

**3.病原学**

木薯炭疽病病原为半知菌类、腔孢纲、黑盘孢目、黑盘孢科、刺盘孢属的胶孢炭疽菌 *Colletotrichum gloeosporioides*。其有性态为子囊菌门、核盘纲、球壳目、疔座霉科、小丛壳属的围小丛壳菌 *Glomerella cingulata*。

**4.流行规律**

该病害常在多雨季节发生，田间湿度大时容易发生。气候适宜时，病原菌能在发病组织上产生大量分生孢子，成为病害传播中心，分生孢子借风雨传播而造成病害蔓延；连续长时间下雨易流行。病原菌能够在老熟茎秆上存活，多在田间病枝或枯枝上越冬而成为翌年的侵染来源。

**5.防治措施（推荐）**

（1）农业措施

选用抗病或者耐病木薯种质；种植时尽量避免大雨季节，选用无病种茎；加强田间管理，合理施肥，提高木薯植株对病害的抵抗能力；冬季进行田间清理，以减少来年的侵染来源。

（2）化学防治

注意加强田间监控，特别是在病害易发生季节，发现病害后要抓紧防治。常用的有效药剂主要有50%多菌灵粉剂、25%咪鲜胺、25%丙环唑乳油和40%氟硅唑乳油等。

**6.附　图**

发病部位出现褪绿或暗褐色的病斑。叶片扭曲、干枯，部分或者全部坏死（黄贵修摄）

# 木薯膏药病 Cassava plaster

**1. 分　布**

木薯膏药病是一种真菌病害，主要危害木薯枝干部，发病部位容易剥离。

在密克罗尼西亚联邦雅浦州和科斯雷州木薯膏药病有发生。

**2. 田间症状**

在受害枝干上产生圆形或不规则形的病菌子实体，恰如贴着膏药一般。白色膏药病菌的子实体表面较平滑，白色或灰白色。褐色膏药病菌的子实体较白色膏药病略隆起而厚，表面呈丝绒状，通常呈栗褐色，周围有狭窄的略翘起的灰白色边带。两种子实体老熟时多发生龟裂，容易剥离。

**3. 病原学**

木薯膏药病病原膏药病病原为担子菌门真菌。

**4. 防治措施（推荐）**

（1）农业防治

结合修剪清园，收集病虫枝叶烧毁，改善园圃通透性。

（2）药剂方法

介壳虫种类多，捕食性和寄生性天敌也多，应因地制宜地采取农业与人工、生物与化学防治相结合，相互协调的办法控制其为害，减少发病。用竹片或小刀刮除菌膜，再用2~3波美度的石硫合剂或5%的石灰乳或1:1:15的波尔多浆涂抹患处。也可用（0.5~1）:（0.5~1）:100的波尔多液加0.6%食盐或4%的石灰加0.8%的食盐过滤液喷洒枝干。于4—5月和9—10月雨前或雨后用10%波尔多浆，或70%托布津+75%百菌清（1:1）50~100倍液，或试用50%施保功可湿粉50~100倍液涂刷病部，或用1%波尔多液与食盐（0.6%）混合剂，或石灰（4%）与食盐（0.8%）过滤液喷施。

**5. 附　图**

木薯茎秆上最早出现白色膏药病菌子实体，后期变为灰色斑块状病斑（黄贵修摄）

# 木薯花叶病毒病 Cassava mosaic virus

木薯花叶病毒病是由一类具双组分单链环状 DNA 的双生病毒及其卫星 DNA 引起的病害。

**1. 分　布**

木薯花叶病毒病遍布非洲、马达加斯加、印度洋诸岛、印度和斯里兰卡。非洲的木薯花叶病毒主要包括非洲木薯花叶病毒 African cassava mosaic virus、东非木薯花叶病毒 East African cassava mosaic virus 及南非木薯花叶病毒 South African cassava mosaic virus。印度及斯里兰卡的木薯花叶病毒包括印度木薯花叶病毒 Indian cassavamosaic virus 和斯里兰卡木薯花叶病毒 Sri Lankan cassavamosaic virus。

**2. 田间症状**

幼株易被感染。病毒侵染全株，可导致沿叶片主脉或侧脉两侧褪绿，形成浅色或黄绿色与深绿色相间的花叶症状。叶片普遍变小，出现花叶卷曲和皱缩等变形现象。发病株通常矮化，结薯少而小，严重时薯根不形成，导致产量降低或绝收。症状的严重程度随季节和栽培品种的不同而异。在一些花叶病严重的地区，木薯可被不同的木薯花叶病毒复合感染，病症严重的还可能存在卫星 DNA。

**3. 病原学**

该类病毒为双生病毒科 Geminiviridae、菜豆金色花叶病毒属 Begomorins。病毒粒体呈双生，由单一蛋白构成，大小 30 nm × 20 nm，等轴对称球状 20 面体结构，每一面为五边形，分子量为 $4.24 \times 10^6$ Da。蛋白占粒子重量的 78%，单链环状 DNA 占病毒粒子重量的 22%。基因组包含 2 个基因组组分，DNA A 约含 2 800 个核苷酸，DNA B 约含 2 700 个核苷酸。每个球状粒子都包裹一条 DNA 分子，即 DNA A 或 DNA B。DNA A 和 DNA B 是病毒系统侵染所必需的，DNA A 与病毒复制与寄主识别相关，DNA B 的基因产物与病毒系统侵染别有关。一些株系粒体中可能含有约 1 500 个核苷酸的卫星与 DNA，可导致严重的病症。

**4. 流行规律**

病毒存在于植株维管束系统内。该类病毒在田间主要是由烟粉虱（*Bemisia tabaci*）以专化性持久循环型方式传播的，可将病毒从感病植株传播到健康植株。幼苗期发病严重，并在整个生长季节均可发生。病毒可通过感染的种茎进行长距离传播。不同木薯品种对该病的抗性有差异，植株感病后病毒科在体内长期存在。

**5. 防治措施（推荐）**

（1）检疫措施

加强检疫，严禁从发病区（非洲、印度、斯里兰卡等）引进感病的活体植株或携带病毒的烟粉虱。

（2）农业防治

选育抗病或耐病木薯品种，加强新品种的推广和应用；加强田间监控，及时清除田间病株；合理进行水肥管理，提高木薯植株对病毒的抵抗能力；木薯收获后注意进行田间清理。

（3）化学防治

应用杀虫剂消灭传毒的烟粉虱。必要时喷洒太抗几丁聚糖（0.5% 几丁聚糖水剂）300 倍液或其他病毒防治药剂。

**6. 附 图**

木薯双生病毒病为害叶片状（引自必应文库）

# 木薯丛枝病 Cassava witches'broom

木薯丛枝病 Cassava witches' broom disease 在亚洲以及拉丁美洲等地区普遍发生，病害发生后可造成严重的产量下降和品质损失。

**1. 分　布**

木薯丛枝病在亚洲的越南、柬埔寨、泰国、老挝、菲律宾、印度尼西亚以及拉丁美洲的古巴、巴西、委内瑞拉、墨西哥和秘鲁等国家普遍发生。

**2. 田间症状**

木薯丛枝病发生后，腋芽大量萌发、节间缩短、叶片小且薄、叶序紊乱、出现黄化现象，呈扫帚状。植株矮化，结薯小或不结薯，淀粉含量也大为降低。Alvarez Elizabeth 等调查发现，2010 年越南有超过 6 万 hm$^2$ 木薯受害，产量和淀粉含量损失均超过 80%。

**3. 病原学**

木薯丛枝病病原为植原体，属于 16Sr II-A 亚组。

**4. 流行规律**

该病在阴凉湿润的种植园区发生较多。在田间，病原菌分生孢子借气流或雨水进行传播。病菌以菌丝体在田间病残体上越冬，当条件适宜或新一茬木薯种植时，将变得活跃并开始新的侵染历程。

**5. 防治措施（推荐）**

木薯丛枝病为世界范围内严重为害木薯的植原体类病害，防控难度非常大。

（1）检疫措施

严禁调运疫区木薯茎秆及鲜薯，减少人为传播可能性。

（2）农业防治

加强水肥管理，提高树势；选育抗性品种。

（3）药剂方法

土霉素、四环素类对植原体病害有一定抑制作物。

**6. 附　图**

木薯丛枝病为害状（引自必应文库）

# 木薯朱砂叶螨 Carmine spider mites

朱砂叶螨 *Teranychus cinnabarinus*（Boisduva1）是为害木薯最为严重的一种世界危害性虫。目前，该虫已在中国木薯种植区严重发生与成灾。导致木薯减产 20%~30%，严重时减产 50%~70%，严重制约了木薯产业的可持续发展。

**1.分布该虫**

朱砂叶螨为世界性分布的一种害虫。

**2.为害特点**

木薯朱砂螨发生普遍，一般于 5—7 月集结于叶片背面，由上而下危害上层叶片。首先为害下层成熟叶片，沿叶脉附近吮吸汁液。最初侵点变为红色或铁锈色，叶片褪绿黄化，严重时集结于叶片两面为害。如遇持续干旱的天气，可导致叶片脱落。严重时可使植株整株死亡。

**3.防治措施（推荐）**

（1）农业防治

合理间套种，不与玉米、豆类、瓜类间作、套种。使用抗螨品种。种植前及收获后要及时清除螨害叶片、植株及杂草，集中深埋或烧毁，消灭螨源；种植期要及时中耕除草，清除阔叶杂草。使用加压喷水的方法，可以降低螨虫虫口密度。

（2）生物防治

保护和利用自然天敌，如保护捕食螨、寄生蜂以及蓟马类等天敌，可释放商品化的捕食螨进行防治，如利用 *Neoseiulus idaeus* Denmark & Muma 和 *Typhlodromalus aripo* DeLcon 防治。

（3）化学防治

可用乙酯螨醇、乐杀螨要、阿维菌素、哒螨灵等药剂剂喷雾防治。

**4.附　图**

受害叶片主脉附近出现红色或铁锈色枯斑，叶片褪绿黄化，虫体主要集结于叶片背面（黄贵修摄）

# 木薯烟粉虱 *Bemisia tabaaei*

木薯烟粉虱 *Bemisia tabaaei*（Gennadius）属同翅目 Homoptera、粉虱科 Aleyrodidae，是一种重要外来入侵害虫，可传播非洲木薯花叶病毒。

**1. 识别特征**

成虫体长 1 mm，白色，翅透明具白色细小粉状物。蛹长 0.55~0.77 mm，宽 0.36~0.53 mm。背刚毛较少，4 对，背蜡孔少。头部边缘圆形，且较深弯。胸部气门褶不明显，背中央具疣突 2~5 个。侧背腹部具乳头状突起 8 个。侧背区微皱不宽，尾脊变化明显，瓶形孔大小（0.05~0.09）mm×（0.03~0.04）mm，唇舌末端大小（0.02~0.05）mm×（0.02~0.03）mm。盖瓣近圆形。尾沟 0.03~0.06 mm。

**2．分　布**

中国、日本、马来西亚、印度、非洲、北美等国家和地区。

**3．为害特点**

以成、若虫刺吸植物汁液，受害叶褪绿萎蔫或枯死。

**4．生活习性**

亚热带年生 10~12 个重叠世代，几乎每月出现一次种群高峰，每代 15~40 d，夏季卵期 3 d，冬季 33 d。若虫 3 龄，9~84 d，伪蛹 2~8 d。成虫产卵期 2~18 d。每雌产卵 120 粒左右。卵多产在植株中部嫩叶上。成虫喜欢无风温暖天气，有趋黄性，气温低于 12 ℃ 停止发育，14.5 ℃ 开始产卵，气温 21~33 ℃，随气温升高，产卵量增加，高于 40 ℃ 成虫死亡。相对湿度低于 60% 成虫停止产卵或死去。暴风雨能抑制其大发生。

**5．防治措施（推荐）**

（1）农业防治

木薯插条进行灭虫处理，以防该虫传播蔓延。

（2）物理防治

利用成虫对黄色敏感、具有强烈的趋黄光习性，可用黄色粘虫板进行诱杀。

（3）生物防治

用其天敌丽蚜小蜂防治烟粉虱。

（4）化学防治

早期在粉虱零星发生时即开始喷洒 20% 扑虱灵可湿性粉剂 1 500 倍液或 25% 灭螨猛乳油 1 000 倍液，也可用 2.5% 天王星乳油 3 000~4 000 倍液、2.5% 功夫菊酯乳油 2 000~3 000 倍液、20% 灭扫利乳油 2 000 倍液、10% 吡虫啉可湿性粉剂 1 500 倍液进行防治，隔 10 d 左右 1 次，连续防治 2~3 次。

**6．附　图**

成虫和若虫刺吸木薯叶片汁液，受害叶褪绿萎蔫或枯死，主脉附近叶片连片枯斑（黄贵修摄）

# 螺旋粉虱 Spiralling whitefly

螺旋粉虱 *Aleurodicus dispersus* Russell 属同翅目 Homoptera，粉虱科 Aleyrodidae，是一种世界性分布的重要入侵害虫。

**1. 识别特征**

（1）成　虫

个体很小，具 2 对翅膀。体长（不包括雄性体末的抱握器）1.57~2.59 mm，通常雄性大于雌性。初羽化的成虫浅黄色，半透明；腹部两侧具蜡粉分泌器，可不断分泌蜡粉，涂抹到翅及身体的表面。前翅宽大，通常略短于体长（个别可长于体长），一些个体的前翅具 2 个浅褐色小斑，1 个位于近翅端，另 1 个位于近翅中的外侧，有时斑纹较小或不清楚；刚羽化或翅面干净的个体，翅面上无斑纹。复眼呈亚铃型，中间常由 3 个小眼相连。触角 7 节。雄性腹部末端有一对铗状交尾握器，可达体长的 1/5，这样很容易区分雌雄。

（2）卵

长椭圆形，长约 0.30 mm，宽 0.11 mm，淡黄色，常具鲜黄色区域，大小不一；卵表面光滑，常染有蜡粉；一端有一细柄，插入叶面组织中，卵的纵轴与叶面多呈斜列，或近于平躺。卵散产。

（3）若　虫

① 1 龄若虫体椭圆形，扁平，长 0.33 mm，宽 0.15 mm，黄色透明，前端两侧具红色

眼点，触角 2 节，足 3 节。刚孵化的若虫在叶背爬行，不久固定在叶背，多分布于叶片的中基部。随虫体发育背面稍隆起，体亚缘分泌一窄带状蜡粉。

② 2 龄若虫：椭圆形，扁平，体长 0.48 mm，宽 0.26 mm，半透明至淡黄色，有时具鲜黄色区域，触角退化，分节不明显；除体侧白色蜡带外，体背上具少许絮状蜡粉，体两侧具玻璃状细蜡丝，但较短。

③ 3 龄若虫：椭圆形，扁平，体长 0.67 mm，宽 0.42 mm，足、触角进一步退化。总体上与 2 龄若虫形态相近，但体较大，体背的絮状蜡粉稍多，体侧玻璃状细蜡丝稍长。

④ 4 龄若虫（拟蛹）：近卵形，长 1.02~1.25 mm，宽 0.69~0.90 mm，淡黄色或黄色，背面隆起，足、触角和复眼完全退化。成熟的蛹在背面具大量向上和向外分泌的白色絮状物，一些呈蓬松絮状，另一些蜡质带状，与体宽相近或长于体宽；还有 5 对玻璃状的细蜡丝，从复合孔中分泌，是体宽的 3~4 倍；此外体四周还有一条纹状带状，白色半透明，从亚腹缘向叶面分泌。背面几乎平直；未成熟的蛹腹面平直，老熟蛹腹面臌起。成虫羽化后，拟蛹壳背中线留有一羽化孔。

**2. 分　布**

螺旋粉虱原发生于加勒比海地区和中美洲，现已蔓延至 50 多个国家和地区的热带与亚热带区域，包括中国（台湾、海南）、文莱、印度尼西亚、马来西亚、印度、马尔代夫、菲律宾、新加坡、斯里兰卡、泰国、越南、缅甸、老挝、孟加拉国、美国、巴哈马、哥斯达黎加、古巴、多米尼亚、海地、洪都拉斯、牙买加、巴拿马、波多黎各、巴西、厄瓜多尔、秘鲁和委内瑞拉、澳大利亚、库克群岛、斐济、美属萨摩亚、关岛、密克罗尼西亚等及葡萄牙（马德拉群岛）及西班牙（加纳利群岛）的海外岛屿等。

**3. 为害特点**

螺旋粉虱为害寄主时，主要以叶部为主，但发生严重时会为害茎部或果实，甚至为害花。若虫于叶片背面吸食汁液，使叶片萎凋、干枯，严重时致使叶片脱落，甚至导致植株死亡。该虫为害时还分泌蜜露滴粘于叶面而诱发霉污病，阻碍叶片光合、呼吸及散热功能，促使枝叶老化，甚至严重枯萎。2 龄若虫以后由体背及体侧部位分泌白色蜡物，或其蛹壳落于叶面的蜜露上，呈白色症状，影响植物的外观。

**4. 生活习性**

螺旋粉虱的发育经卵、1 龄若虫、2 龄若虫、3 龄若虫、4 龄若虫（拟蛹）和成虫六个阶段，在 26~31 ℃下完成 1 个世代最短仅需 26 d 左右，其中卵期 7~8 d，若虫期 19 d。成虫寿命 12~15 d，在海南 1 年可发生 8~9 代，世代重叠。螺旋粉虱可营两性生殖和孤雌生殖，成虫羽化 5~8 h 后即可发生交配，雌雄个体一生均可发生多次交配，交配方式为对接式。螺旋粉虱的卵巢为发育未成熟型，刚羽化的成虫卵巢未发育完全。在 26 ℃、RH 75%±10% 条件下，成虫羽化第 2~3 d 开始产卵，直至死亡。卵多产于寄主植物叶片背面，部分产于叶片正面。单雌产卵量可达 400 多粒。成虫产卵时，边产卵边移动并分泌蜡粉，其移动轨迹多为产卵轨迹，典型的产卵轨迹为螺旋状，该虫亦因此得名。该虫在海南常年发生。

螺旋粉虱成虫不活跃，羽化当天不活动；之后，成虫活动具有明显的规律性。晴天多集中在上午活动；阴天较少活动，活动时间较晴天晚且分散；雨天不活动。

**5. 防治措施（推荐）**

（1）检疫措施

严禁带有螺旋粉虱的种植材料及产品输入中国和输出海南省。螺旋粉虱发生地计划输出的种植材料及产品调运前必须实施严格检疫和进行除害处理，确保调运材料、运输工具等不携带有螺旋粉虱。

（2）生物防治

保护及利用草蛉、瓢虫和蚜小蜂等天敌进行螺旋粉虱防治。可通过扩繁释放草蛉、蚜小蜂等天敌，或通过人工助迁草蛉、瓢虫和蚜小蜂等。在天敌数量较多的区域谨慎施用农药，选用低毒药剂进行防治的同时减少对天敌的杀伤。

（3）物理防治

利用螺旋粉虱对光、色趋性进行防治。在田间悬挂黄绿色粘板和 LED 诱灯诱杀成虫。另外，在田间利用高压水枪喷射植物受害部位，可冲刷附着在植物上的螺旋粉虱。

（4）化学防治

可选用以下药剂进行喷雾防治 2.5% 溴氰菊酯乳油 2 000 倍液，2.5% 高效氯氟氰菊酯水乳剂 2 000 倍液，10% 联苯菊酯乳油 2 000 倍液，10% 高效灭百可乳油 2 000 倍液，5% 百佳乳油 1 000 倍液，40% 乐斯本乳油 1 000 倍液，52.25% 农地乐乳油 1 500 倍液。施药次数：每 10 d 喷施一次，共 2 次。使用药剂时，不同的农药交替使用，注意使用的间隔期及浓度。

**6. 附 图**

螺旋粉虱为害状（李博勋提供）　　　　　　螺旋粉虱在叶片背面危害（李博勋提供）

# 粉　蚧 Scale

目前，发现木薯上存在多种粉蚧，包括 *Phenacoccus madeirensis*、*P. gossypii*、*P. manhotis*、*P. grenadensis* 等，属同翅目 Homoptera，粉蚧科 Pseudococcidae。

**1.分　布**

分布在非洲、美洲和巴西等。

**2.为害特点**

粉蚧有两种为害类型：一是通过刺吸取食直接为害；二是由粉蚧分泌物在叶面上产生霉烟病而造成非直接的为害。这些霉烟菌的生长使叶片降低光合作用。墨西哥绵粉蚧取食后引起叶片黄化，最终导致落叶，其为害主要从底部叶片开始。而由 *P. manihati* 和 *Phenacocucs* sp. 引起的为害是从植株顶部开始，其为害会导致植株生长点卷曲似卷心菜。

**3.生活习性**

在美洲，因为有大量的天敌存在，粉蚧种群数量处于较低水平。在控制其他害虫时若不能合理使用杀虫剂，会导致其天敌大量死亡，进而造成粉蚧大暴发。

**4.防治措施（推荐）**

（1）农业防治

可用硬毛刷等刷除寄主枝干上的虫体；剪除被害严重的枝条，集中烧毁。

（2）生物防治

保护利用天敌，寄生蜂自然寄生率较高，此外，瓢虫、方头甲、草蛉等对粉蚧的捕食量也很大，应注意保护。

（3）化学防治

根据调查测报，抓准在初孵若虫分散爬行期实行药剂防治。推荐使用 1.8% 阿维菌素乳油 1 500 倍液与 48% 毒死蜱乳油 1 000 倍液滴加商量食用油混合喷洒防治，也可用含油量 0.2% 的黏土柴油乳剂混 80% 敌敌畏乳剂、50% 混灭威乳剂、50% 杀螟松可湿性粉剂、或 50% 马拉硫磷乳剂的 1 000 倍液。此外，40% 速扑杀乳剂 700 倍液亦有高效。

**5.附　图**

粉蚧为害导致木薯叶片干枯脱落
（李博勋提供）

粉蚧为害木薯茎
（李博勋提供）

粉蚧为害木薯叶正面症状（李博勋提供）

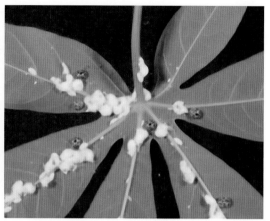

粉蚧天敌—瓢虫捕食木薯粉蚧（李博勋提供）

# 非洲大蜗牛 Giant African land snail

非洲大蜗牛（*Achatina fulica* Ferussac）属腹足纲 Gastropoda、柄眼目 Stylommatophora 害虫，异名 *A. couroupa* Lesson、*A. fulica* TIyon，别名非洲蜗牛、菜螺、花螺等。非洲大蜗牛原产地为非洲东部，但目前已经广泛分布在亚洲、太平洋、印度洋和美洲等地的湿热地区。寄主有木瓜、木霜、仙人掌、面包果、橡胶、可可、茶、柑橘、椰子、菠萝、香蕉、竹芋、番薯、花生、菜豆、落地生根、铁角蕨、谷类植物（高粱、粟等）。在密克罗尼西亚联邦科斯雷州发现非洲大蜗牛为害木薯。

**1. 识别特征**

形态特征：贝壳大型，长卵圆形或椭圆形，有石灰质稍厚外壳，壳高 130 mm，宽 54 mm，是我国最大的一种蜗牛，具 6~8 个螺层，各螺层增长缓慢，螺旋部圆锥形，体螺层膨大，其高为壳高的 3/4 左右；壳顶尖，缝合线深；壳面底色为黄色至深黄色，具焦褐色雾状花纹，胚壳呈玉白色，其余螺层具断续的棕色条纹，生长线粗而明显，壳内蓝白色或浅紫色，体螺层上的螺纹不明显，中部各螺层的螺纹与生长线交错；壳口卵圆形，口缘完整简单，外唇薄且锋利，易碎；内唇贴覆在体螺层上，形成"S"形蓝白色脐胝部；轴缘外折；无脐孔，足部肌肉发达，背面暗棕黑色，黏液无色。卵圆形，白色。

**2. 为害特点**

杂食性，幼螺多为腐食性，成螺主要以绿色植物为主，以舌头上挫形组织磨碎植物的茎、叶或根，是南方重要农业害虫。可危害蔬菜、花卉、各种农作物。此外，香蕉、柑橘、番木瓜、椰子、槟榔等树皮也可受害。

## 3. 防治措施

（1）加强检疫

从疫区向北方调运菜苗、花卉、苗木等植物以及包装箱等要仔细检疫，一经发现要进行灭害处理。

（2）化学防治

田间有危害时，用 8% 灭蜗灵颗粒剂 22.5~30 kg/hm²，碾碎后拌细土或饼屑 75~562.5 kg，于天气温暖，土表干燥的傍晚撒在受害植株根部附近的行间，蜗牛接触药剂 2~3 d 后，分泌大量黏液而死亡，防治适期最好掌握在蜗牛产卵前或有小蜗牛时再防 1 次。

## 4. 附 图

非洲大蜗牛形态特征（黄贵修摄）　　　　　非洲大蜗牛为害木薯叶片（黄贵修摄）

# ● 咖啡、胡椒病虫害

# 咖啡炭疽病 Coffee anthracnose

**1. 分　布**

咖啡炭疽病是由咖啡刺盘孢菌引起的一种真菌病害，叶片受害时，多在叶缘发病，叶片上下表面呈现出不规则的淡褐色至黑褐色病斑。咖啡炭疽病几乎在所有咖啡种植区都有发生。

**2. 田间症状**

叶片受害多在叶缘发病。叶片初侵染后，上下表面呈现出不规则淡褐色至黑褐色病斑。病斑受叶脉限制，直径约 3 mm，以后数个病斑汇成大病斑，病斑中央白色，边缘黄色，后期灰色，其上有许多黑色小点（病原菌的分生孢子）排列成同心轮纹。

**3. 病原学**

病原有盘长孢状刺盘孢 *Colletotrichum gloeosporioid* Penz.、咖啡刺盘孢菌 *C. coffeanum* Noack 和 *C. kahawae* 3 种。

**4. 发生规律**

病原侵染的最适条件是气温 20 ℃左右，湿度 90% 以上并持续 7 h 以上，冷凉、高湿季节特别是长期干旱后连续降雨有利该病发生。1—2 月中旬病情较轻，随着冬季气温低，叶片受到轻微冻伤，病害呈上升趋势；3 月中旬开始，叶片发病出现高峰。之后随着高温干旱天气出现，新感病叶少，老病叶脱落多，病情逐渐减轻，6 月上旬叶片发病降到全年最低点；下半年雨水多，相对湿度大，新感病的叶片多于脱落的老病叶，病情越来越严重；9—11 月台风雨频繁，台风雨使叶片、果实普遍出现伤口，树体衰弱，台风吹脱大量叶片，使枝条上叶片稀疏，互相遮阴少，太阳灼伤叶片、果实较多，致使叶片、果实病情更严重，发病率升至全年最高点，以后病情变化幅度不大。

该病与园中荫蔽也有一定关系。种植荫蔽树的咖啡园发病轻，无荫蔽树的咖啡园发病重。种荫蔽树的咖啡园植株长势好，冠幅大，枝叶茂盛，阳光灼伤少，咖啡树上早晚露水小，不利发病，病害轻。不种荫蔽树的咖啡园，植株长势差，冠幅小，枝叶稀疏，阳光灼伤多，咖啡树上早晚露水大，有利发病，病害重。

**5. 防治措施（推荐）**

（1）农业防治

咖啡园适当种植荫蔽树，创造适合咖啡生长的小气候环境，使咖啡树生长健壮；加强抚育管理，合理施肥和正确修剪，控制结果量，增强植株抗性。

（2）化学防治

在发病初期，选用 0.4% 氧化亚铜粉剂或 0.5% 氯氧化铜制剂喷施植株；病害流行期，选用 0.5%~1.0% 等量式波尔多液、10% 多抗霉素 1 000 倍液、80% 代森锰锌可湿性粉剂 800 倍液或 50% 多菌灵可湿性粉剂 500 倍液，每隔 7~10 d 喷施 1 次，连喷 2~3 次。

**6. 附　图**

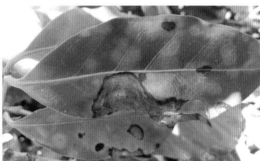

咖啡叶片表面呈现出不规则淡褐色至黑褐色病斑，其上有许多黑色小点（病原菌的分生孢子）排列成同心轮纹
（黄贵修摄）

# 咖啡褐斑病 Coffee brown spot

**1. 分　布**

咖啡褐斑病又名叶斑病或雀眼病，是普遍发生在小粒种咖啡上的一种由咖啡尾孢引起的真菌病害。此病分布广泛，在咖啡主产区均有发生。

**2. 病原学**

病原为咖啡尾孢 *Cercospora coffeicola* Berket Cooke，属半知菌类、尾孢属。无性时期分生孢子梗褐色至黑褐色，有格但不分枝，呈曲膝状，丛生于子座组织上。分生孢子梗着生分生孢子，分生孢子无色，多细胞，鼠尾形、线形或鞭形，直或稍微弯曲。

**3. 田间症状**

咖啡叶片受侵染后，叶背叶面均出现病斑，病斑近圆形，边缘褐色，中央灰白色，在幼苗叶上为红褐色病斑。随着病斑扩大，出现同心轮纹，并有明显的边缘。潮湿情况下，病斑背面长出黑色霉状物，有时数个病斑可连在一起，但仍能看到原来病斑的白色中心点，病叶一般不脱落。浆果受侵染后，产生近圆形病斑，随着病斑扩大，可覆盖全果，引致浆果坏死、脱落。

**4. 发生规律**

病菌常以菌丝在病组织内越冬，有些地方无越冬现象，整年均以分生孢子借风雨传播。发芽最适温度为 25 ℃左右，在叶片上孢子通过气孔侵入，在果实上则通过伤口侵入。为害叶片、果实，引起落叶、落果，造成一定损失。

土壤瘠薄、缺少荫蔽、生势较差的幼苗和幼树发病严重。苗圃幼苗或新植区的幼苗如直接暴露于阳光下，叶片就易感染此病，反之则较少感病。苗圃幼苗通常在 4—11 月发病，以阴雨天盛行，严重感病植株的叶片大量脱落，甚至枯枝。此病是苗圃的主要病害之一。降雨多、相对湿度 95% 以上或咖啡园长期阴湿，咖啡植株表面长时间保持湿润最有利于该病发生。

**5. 防治措施（推荐）**

（1）农业防治

强抚育管理，合理施肥；咖啡园适当种植荫蔽树，创造适合咖啡生长的小气候环境，使咖啡树生长健壮；提高植株抗病能力。

（2）化学防治

发现病株时，选用 0.5%~1.0% 波尔多液、苯来特 800~1 000 倍液、50% 多菌灵可湿性粉剂 500 倍液喷施，每 15~20 d 一次，连喷 2~3 次。

**6. 附 图**

叶片表面产生圆形至不规则黑褐色病斑，随着病斑扩大产生同心轮纹（黄贵修摄）

# 咖啡线疫病 Coffee Corticium blight

**1.分　布**

咖啡线疫病在中国云南、海南均有发生，但为害较轻。在密克罗尼西亚联邦波纳佩州调查发现存在咖啡线疫病。

**2.病原学**

咖啡线疫病病原为担子菌门、层菌纲、非褶菌目、伏革菌属的线腐伏革菌 *Corticium koleroge*。菌丝有分隔，初为白色网状，边缘羽毛状。担子果平伏，薄膜状。担子椭圆形，在菌丝层的表面形成一层微黏的光滑平面，担孢子单胞、卵圆形，大小（9~12）μm ×（6~17）μm。

病菌喜欢高温高湿的环境条件，适宜发病温度为 28~35 ℃。病菌的寄主范围广泛，可侵染 200 多种植物，如橡胶、芒果、可可、咖啡、木波萝、茶树、柑橘等木本植物或经济作物。

**3.田间症状**

主要为害植株低层叶片和枝杆。在受害叶片叶背面可见一层灰白色蜘蛛网状的菌索，后期菌索变黑，干旱菌索时稍脆弱而略有闪光，潮湿时变软且易剥离，病叶先变黄、后变黑干枯、脱落，有的落叶被菌索悬挂在枝条上。当菌索蔓延至枝条上后，病枝上也布满白色菌索。

**4.发生规律**

病菌以菌丝体在病组组或在其他寄主上度过不良环境条件，在温暖潮湿的季节，病菌开始恢复生长，产生大量的担孢子或菌膜碎片随风雨传播，担孢子萌发侵入寄主组织，菌丝在组织中蔓延和生长，在寄主表面形成粉红色的菌丝层，在传播侵染。该病多发生于雨季，尤其在温暖潮湿的环境条件下易发生。中粒种咖啡较易感染发病。

**5.防治措施（推荐）**

（1）农业防治

加强田间管理，对染病植林要及时进行修剪，将修剪下的枝叶收集烧毁；防止杂草丛生；两年以上的植林若生长过密，应剪去枯老细弱的枝蔓，以促进植株生长，并使田间通风透光，降低湿度，减轻病害发生。

（2）化学防治

在冬季前可喷施 1% 波尔多液或成 50% 多菌灵可湿性粉剂，每隔 14 d 喷一次，连喷 3~4 次。

## 6.附　图

受害叶片、枝干上面可见一层灰白色蜘蛛网状的菌索（黄贵修摄）

# 咖啡锈病 Coffee rust

**1. 分　布**

咖啡锈病是一种世界性病害，是咖啡生产上破坏性最大的病害，可给咖啡生产造成严重的经济损失。此病于 1970 年首次在巴西发现，现分布在非洲、近东及印度、亚洲、澳大利亚等咖啡产区，该病曾给斯里兰卡及印度尼西亚爪哇岛咖啡种植园造成毁灭性损失。

**2. 病原学**

病原为咖啡驼孢锈菌 *Hemileia vastatrix* Berk & Broome，属担子菌门、柄锈科、驼孢锈菌属，是一种专性寄生菌。

**3. 田间症状**

咖啡锈病主要侵染叶片，有时也危害幼果和嫩枝。叶片感病后，最初出现许多浅黄色小斑，并呈水渍状扩大，其周围有浅绿色晕圈；叶背面随即有橙黄色粉状孢子堆，后期多个病斑扩大连在一起，形成不规则的大斑，遇到不良气候或病部营养耗竭、孢子堆消失而形成褐色枯斑。咖啡树结果越多，锈病越严重。病害发生严重时，病叶大量脱落，枝条干枯，使尚未成熟果实得不到充足的养分供应，产生大量干果、僵果，严重影响咖啡产量和质量下降，甚至整株枯死。

**4. 发生规律**

该菌以菌丝在咖啡病组织内度过不良环境，残留的病叶是主要侵染来源，主要以夏孢子侵染，夏孢子通过气流、风、雨、人畜和昆虫传播。叶面凝霜愈重、停滞时间愈长发病愈重；大风、大雨天气不利发病；幼树期虽有发病，但不易流行，树龄 6 a 以上，结果过多、营养耗竭而出现早衰或因失管时，生势衰弱的植株上锈病常大流行。因此，适中的温度、适量而均匀的降雨、较多的侵染源和易感病的、生势衰弱的寄主是本病流行的基本条件。海南岛咖啡锈病发生在每年 9—11 月至次年 4—5 月。在云南，咖啡锈病在以卡蒂莫 7963 为主的栽培品种上发生规律与过去种植的波邦铁毕卡品种相似，6 月份开始发生，7 月至翌年 2 月为流行盛期。云南亚热带地区每年 6 月份进入雨季，湿度大，叶面水膜停留时间长，有利于夏孢子繁殖；每年 10 月至翌年 2 月非雨季流行期，绝对日温差可达 16~18 ℃，露停留时间长达 14~16 h，有利于咖啡锈病的流行。而主栽品种卡蒂莫 7963 表现出了结果越多锈病越重，产量低的年份发病轻，产量高感病重。

**5. 防治措施（推荐）**

（1）农业防治

培育抗锈病咖啡良种，栽培抗锈品种。加强栽培管理、合理密植、合理施肥和灌溉，适时修剪和荫蔽，控制过多结果量，防止咖啡早衰，提高植株抗病力。咖啡园适当种植荔枝、芒果、橡胶等荫蔽树，调节光、温、湿三者关系，改变园内小气候和土壤环境，减弱光合量使咖啡有节制地结果，保持咖啡树的正常生势，增强植株对锈病的抵抗力。

（2）化学防治

铜制剂对咖啡锈病防效较好，还能促进咖啡生长，增加产量。采用1%~5%的波尔多液喷施，第一次应在雨季之前，根据各地具体情祝和病情严重和程度而定，一般每隔2~3周喷一次，能收到较好的防效；用0.1%硫酸铜溶液喷雾，防效也显著。在病害流行期定期喷施0.5%~1%波尔多液，1个月喷1次；或用25%粉锈宁可湿性粉剂525~975 g/hm²或5%粉锈宁可湿性粉剂2.25~4.5 kg/hm²，兑水450 kg喷雾，连续喷施2~3次。粉锈宁对咖啡锈病有预防作用，发病初期有治疗作用。在波尔多液中加入适量的粉锈宁、氯化钾和尿素喷施，不单防治锈病，且有提高抗病力的作用。

**6. 附　图**

叶片感病早期出现浅黄色小斑（孙世伟提供）

# 胡椒藻斑病 Black pepper Cephaleuros leaf spot

**1. 分　布**

在密克罗尼西亚联邦波纳佩州调查发现存在胡椒藻斑病，中国亦有分布。

**2. 病原学**

中国发生的胡椒藻斑病病原为 *Cephaleuros virescens* Kunget，为一种寄生性绣藻。其繁殖体为孢子囊，3~6顶生，球形或椭圆形，直径 40~50 μm，略呈橘黄色，有直立的柄，孢子囊内有许多游动孢子。

**3.田间症状**

主要为害叶片、果实、枝蔓等器官。感病部位产生圆形铁锈色小斑点，其上长出红锈色毛毡状物，即寄生藻类的营养体和繁殖体。发病严重时，病斑密集成片，病叶脱落，病果变黑、萎缩、脱落。

**4.发生规律**

该病以病原的营养体在病组织中越冬。翌年雨季潮湿条件下产生孢子囊，孢子囊在水中散发出游动孢子，并随雨滴飞溅或气流传播，从胡椒植株皮层裂缝处侵入。在降雨频繁、雨量充沛的季节，病害流行。土壤瘠薄、缺肥，或保水性差，易干旱、水涝等原因，致使长势衰弱的以及过度荫蔽的胡椒园易发病。

**5.防治措施（推荐）**

（1）农业防治

加强抚育管理，增施肥料，清除胡椒园内的枯枝落叶，集中烧毁。

（2）化学防治

发病初期喷施 1% 波尔多液、50% 多菌灵可湿性粉剂、80% 代森锰锌等有良好的防治效果。

**6.附　图**

胡椒藻斑病为害叶片症状（黄贵修摄）

胡椒藻斑病为害果实症状（孙世伟提供）

# ● 甘蔗病虫害

## 甘蔗灰粉蚧 *Dysmicoccus boninsis*

甘蔗灰粉蚧 *Dysmicoccus boninsis*（Kuwana），属半翅目、粉蚧科。

**1. 识别特征**

雌成虫呈椭圆形，背部隆起，灰紫色，体长约 4~5 mm，体表具明显横纹，有时覆盖白色蜡粉；触角 7 节，末节最长，等于前 3 节之和；腹部有呈哑铃状的暗斑；肛门环圆形，边缘长 6 根刚毛。雄成虫红褐色，体较小，长约 0.8 mm，长有 1 对前翅，翅展约 2 mm；足和触角较长；腹末长有 1 对白色长尾毛。卵呈淡桃红色，卵圆形。仅雄虫能结茧化蛹，茧为白色，长条形；蛹呈灰紫色，长椭圆形，表面覆盖少许白色蜡粉。

**2. 为害特点**

着生于蔗茎的节下部蜡粉带或幼苗基部，吸食甘蔗组织内汁液，排泄蜜露于蔗茎的表面，常引起煤烟病的发生。靠种苗传播，或在连作蔗地搬迁。在温暖少雨的冬、春季，可助长其发育繁殖，若温度与雨量都适宜时则大量发生。在水肥条件差、甘蔗生长不良的蔗田发生较多。

**3. 防治措施（推荐）**

严格选用无虫害健株做种苗，杜绝种苗传播。注意剥除蔗叶，特别是虫害盛发期间。下种前采用 50% 氯丹加 80% 敌敌畏（1:0.5）400 倍液浸种消毒 2 min 或用 2% 石灰水浸种 24 h。

**4. 附　图**

甘蔗灰粉蚧为害症状（伍苏然提供）

# 日本稻蝗 *Oxya japonicca*

日本稻蝗 *Oxya japonica* Thunberg 属直翅目 Orthoptera、丝角蝗科 Oedipodidae 昆虫。

**1. 分　布**

日本稻蝗主要分布在中国、日本、新加坡、马来西亚、菲律宾、斯里兰卡、越南、泰国、缅甸、印度、巴基斯坦等国家，寄主植物为甘蔗和水稻。在密克罗尼西亚联邦，调查发现波纳佩州有日本稻蝗为害甘蔗。

**2. 识别特征**

（1）雄　虫

体型中等，体表具有细小刻点。触角细长，24~26 节，其长仅到达或略超过前胸背板后缘，其中段一节的长度为其宽度的 1.5~2 倍。头顶宽短，长宽相等，顶端圆形，其在复眼之间的宽度等于或略宽于其颜面隆起在触角之间的宽度。颜面隆起较宽，纵沟明显，两侧缘近乎平行。复眼较大，为卵形。前胸背板略平，两侧缘几乎平行；中隆线明显，线状，缺侧隆线，3 条横沟均明显；后横沟位近后端，沟前区略长于沟后区。前胸腹板突锥形，顶端较尖。中胸腹板侧叶间之中隔较狭，中隔的长度明显地大于其宽度。前翅较长，不到达后足胫节的中部；后翅长等于前翅。后足股节匀称，上隆线缺细齿；内、外下膝侧片的顶端均具有锐刺。后足胫节近端部之半的上侧内、外缘均扩大成狭片状，顶端具有外端刺和内端刺；跗节爪间的中垫较大，常超过爪长。肛上板呈圆三角形，具有很发达的褶皱。尾须圆锥形，顶端略尖或斜形。阳具基背片桥部较狭，缺锚状突；外冠突具钩状；内冠突细而短；色带后突由背面观为圆三角形，其后缘呈深的凹缝，两侧突不可见，色带瓣后缘具深凹；阳具端瓣较细长，向上弯。

（2）雌　虫

体较雄性为大。触角略较短，常不到达前胸背板的后缘。头顶宽短，其在复眼之间的宽度宽于或略宽于颜面隆起在触角间的长度。前翅的前缘具有弱的刺。腹部第 2 节背板侧面的后下角具刺，第 3 节背板侧面的后下角有略隆起。上、下产卵瓣的外缘皆具齿；下产卵瓣基板腹面内缘具一个大的刺。下生殖板腹面具一个深纵凹沟，后缘较宽，两侧各具一条发达的纵脊，仅其顶端具刺；在其后缘中央具一对齿，两侧各具齿。

（3）体　色

褐绿色，背面黄褐色或绿色，侧面绿色。头部在复眼之后，沿前胸背板侧片的上缘具有明显的褐色纵条纹。前翅褐色，后翅本色。后足股节绿色，膝部为褐色或暗褐色。后足胫节绿色或青绿色，基部暗色。胫节刺的顶端为黑色。

**3.为害特点**

以成、若虫咬食叶片，咬断叶片和幼芽。被害叶片成缺刻，严重时将寄主叶片吃光。

**4.防治措施（推荐）**

（1）农业防治

间杂草地是稻蝗的主要滋生基地，因此充分开发利用附近荒地，是防治稻蝗的根本措施；早春结合修田埂，铲除田埂1寸深草皮，晒干或沤肥，以杀死蝗卵。

（2）化学防治

田间蝗蝻发生时，掌握3龄前若虫集中在田边杂草上时，选用90%敌百虫700倍液，或80%敌敌畏800倍液，或50%马拉硫磷1 000倍液喷雾。

（3）生物防治

青蛙、蟾蜍、蜻蜓、螳螂、蜘蛛、鸟类等天敌均可捕食稻蝗，可有效抑制该虫发生。

**5.附　图**

日本稻蝗为害甘蔗症状（李朝绪摄）

# 主要害草

# 盾叶鱼黄草 *Merremia peltata*

## 1. 分　布

盾 叶 鱼 黄 草 *Merremia peltata*（L.）Merr.，异 名 *Convolvulus peltatus* L.、*Ipomoea nymphaeifolia* Blume、*Ipomoea peltata*（L.）Choisy、*Merremia nymphaeifolia*（Dietr.）Hall. fil.、*Operculina peltata*（L.）Hall. fil.。盾叶鱼黄草是太平洋地区的一种入侵植物，同时可入侵干燥的低地和内陆自然群落。

在密克罗尼西亚联邦，盾叶鱼黄草广泛分布于雅浦、丘克、波纳佩、科斯雷 4 个州。盾叶鱼黄草在丘克州称为 fidau、fitaw、fitay ；在波纳佩称为 ceul、ihoil、iol,lol、yol、yool ；在雅浦称为 wachathal。因盾叶鱼黄草生长速度快、叶面积大，加之其通过缠绕攀爬覆盖低层植被，通过无限度地与后者争夺光、水、肥和空间等途径大量占有生态位，所到之处可毁灭性地绞杀底层植物从而实现入侵危害。盾叶鱼黄草的主要危害对象包括自然植物、天然草地、椰子、面包树等众多农作物。目前，盾叶鱼黄草对密克罗尼西亚联邦 4 个州最严重的危害当属对天然植被的毁灭性破坏；同时，对当地的自然生态与生物多样性平衡也构成了严重威胁。

## 2. 植物学特性

多年生粗状攀缘大藤本。茎圆柱形，长达 20 m 以上，光滑，尖端具缠绕卷须。叶片心形或圆形，长达 30 cm，宽达 20 cm ；叶脉明显向背部凸出；叶柄呈盾状着生。圆锥花序顶生或腋生，花达 13 朵或更多，簇生于长 15~30 cm 的花梗上呈聚伞状；萼片光滑，明显深凹或向一侧肿胀长达 2 cm ；花冠白色或黄色，漏斗状，长 5~6 cm ；冠檐具钝裂片，瓣中带有显著的脉，脉上具腺状绒毛。蒴果长约 15 mm，瓣膜披针形开裂；种子暗棕色，密被长柔毛。

## 3. 防除措施（推荐）

（1）农业防治

加强人工除草；合理密植，以密控草。合理科学的密植，能加速作物的封行进程，抑制杂草的生长。

（2）化学防治

使用 2,4-D、草甘膦等除草剂处理土壤，可有效灭除。

## 4.附　图

覆盖天然林地（杨虎彪摄）

覆盖全山（杨虎彪摄）

天然植被被毁（杨虎彪摄）

为害椰子等作物（杨虎彪摄）

为害木薯等作物（杨虎彪摄）

盾叶鱼黄草为害调查（杨虎彪摄）

恶性有毒杂草。它能分泌感化物质，排挤本地植物，使草场失去利用价值，影响林木生长和更新。同时，它的叶有毒素，含香豆素类的有毒化合物，能够引起人的皮肤炎症和过敏性疾病，误食嫩叶会引起头晕、呕吐，家禽、家畜和鱼类误食也会引起中毒。飞机草的适应能力极强，干旱、瘠薄的荒坡隙地，甚至石缝和楼顶上照样能生长。生于热带、亚热带的山坡、路旁。在密克罗尼西亚联邦，飞机草在雅浦州有分布。

**2. 植物学特性**

茎直立，高 1~3 m，有细条纹；分枝粗壮，常对生；全部茎枝被稠密黄色茸毛或短柔毛。叶对生，卵形、三角形或卵状三角形，长 4~10 cm，宽 1.5~5 cm，上面绿色，下面色淡，两面粗涩，被长柔毛及红棕色腺点。头状花序在茎顶排成伞房状或复伞房状花序，花序径常 3~6 cm。总苞圆柱形；总苞片 3~4 层。花白色或粉红色，花冠长 5 mm。瘦果黑褐色，长 4 mm，5 棱，无腺点，沿棱有稀疏的白色贴紧的顺向短柔毛。

**3. 防除措施**

（1）农业防治

在飞机草幼苗期人工或使用机械铲除，或在开花前挖除全株，晒干烧毁。

（2）化学防治

① 荒地、果园、茶园、桑园，在飞机草苗期，每亩使用 410 g/L 草甘膦水剂 200 mL，兑水 30 L 喷雾。对残存的植株进行补喷。

② 禾谷类作物田，在飞机草幼苗期，每亩使用 200 g/L 2-甲-4 氯水剂 300 mL 或 240 g/L 氨氯吡啶酸乳油 200 mL，对水 30 L，叶面喷施。

（3）生物防治

利用热研 4 号王草、珊状臂形草、刚果臂形草、白三叶草、狗牙根等植物进行替代控制有一定成效等，作为替代植物来抑制紫茎泽兰的生长。

**4. 附 图**

飞机草花序（杨虎彪摄）

飞机草植株（杨虎彪摄）

# 蟛蜞菊 *Wedelia chinensis*

## 1. 分　布

蟛蜞菊 *Wedelia chinensis*，又叫澎蜞菊、黄花蟛蜞草、黄花墨菜、黄花龙舌草、田黄菊。蟛蜞菊为多年生草本植物，生于路旁、田边、沟边或湿润草地上，现分布在中国、印度、中南半岛、印度尼西亚、菲律宾及日本等国家。在密克罗尼西亚联邦，蟛蜞菊在雅浦、丘克波、纳佩和科斯雷 4 个州均有分布。蟛蜞菊适应范围极广，能忍受 34℃ 的高温及 4℃ 的低温，全日照或半阴条件下均可生长良好，可适应于任何疏松土壤（旱地、湿地、贫瘠土地、盐碱地）。由于蟛蜞菊生长快、覆盖面广，会与农作物争光争肥，降低其产量和品质。

## 2. 植物学特性

多年生草本。茎匍匐，上部近直立，基部各节生出不定根，长 15~50 cm，基部径约

2 mm，分枝，有阔沟纹，疏被贴生的短糙毛或下部脱毛。叶无柄，椭圆形、长圆形或线形，长 3~7 cm，宽 7~13 mm，基部狭，顶端短尖或钝，全缘或有 1~3 对疏粗齿，两面疏被贴生的短糙毛，中脉在上面明显或有时不明显，在下面稍凸起，侧脉 1~2 对，通常仅有下部离基发出的 1 对较明显，无网状脉。头状花序少数，径 15~20 mm，单生于枝顶或叶腋内；花序梗长 3~10 cm，被贴生短粗毛；总苞钟形，宽约 1 厘米，长约 12 mm；总苞 2 层，外层叶质，绿色，椭圆形，长 10~12 mm，顶端钝或浑圆，背面疏被贴生短糙毛，内层较小，长圆形，长 6~7 mm，顶端尖，上半部有缘毛；托片折叠成线形，长约 6 mm，无毛，顶端渐尖，有时具 3 浅裂。舌状花 1 层，黄色，舌片卵状长圆形，长约 8 mm，顶端 2~3 深裂，管部细短，长为舌片的 1/5。管状花较多，黄色，长约 5 mm，花冠近钟形，向上渐扩大，檐部 5 裂，裂片卵形，钝。瘦果倒卵形，长约 4 mm，多疣状突起，顶端稍收缩，舌状花的瘦果具 3 边，边缘增厚。无冠毛，而有具细齿的冠毛环。花期 3—9 月。

**3. 防除措施（推荐）**

（1）农业防治

加强田间管理，人工或使用机械铲除。

（2）化学防治

施用草甘膦等除草剂。

**4. 附　图**

蟛蜞菊花序（杨虎彪摄）

# 孪花蟛蜞菊 *Wedelia biflora*

**1. 分　布**

孪花蟛蜞菊 *Wedelia biflora*（Linn.）DC.，菊科蟛蜞菊属下的一种，攀缘状草本。生草地、林下或灌丛中，海岸干燥砂地上也时常可见。分布在中国、印度、中南半岛、印度尼西亚、马来西亚、菲律宾、日本及大洋洲也有分布。在密克罗尼西亚联邦，孪花蟛蜞菊在雅浦、丘克波、纳佩和科斯雷 4 个州都有分布。孪花蟛蜞菊生长迅速、分布广泛，可降低农作物产量和品质。

**2. 植物学特性**

攀援状草本。茎粗壮，长 1~1.5 m，基部径约 5 mm，分枝，无毛或被疏贴生的短糙毛，节间长 5~14 cm。下部叶有长达 2~4 cm 的柄，叶片卵形至卵状披针形，连叶柄长 9~25 cm，宽 4~11 cm，基部截形、浑圆或稀有楔尖，顶端渐尖，边缘有规则的锯齿，两面被贴生的短糙毛，主脉 3，两侧的 1 对近基部发出，中脉中上部常有 1~2 对侧脉，网脉通常明显；上部叶较小，卵状披针形或披针形，连叶柄长 5~7 cm，宽 2.5~3.5 cm，基部通常楔尖。头状花序少数，径可达 2 cm，生叶腋和枝顶，有时孪生，花序梗细弱，长 2~4 cm，被向上贴生的短粗毛；总苞半球形或近卵状，径 8~12 mm；总苞片 2 层，与花盘等长或稍长，长约 5 mm，背面被贴生的糙毛；外层卵形至卵状长圆形，顶端钝或稍尖，内层卵状披针形，顶端三角状短尖；托片稍折叠，倒披针形或倒卵状长圆形，长 5~6 mm，顶端钝或短尖，全缘，被扩展的短糙毛。舌状花 1 层，黄色，舌片倒卵状长圆形，长约 8 mm，宽约 4 mm，顶端 2 齿裂，被疏柔毛，筒部长近 3 毫米；管状花花冠黄色，长约 4 mm，下部骤然收缩成细管状，檐部 5 裂，裂片长圆形，顶端钝，被疏短毛。瘦果倒卵形，长约 4 mm，宽近 3 mm，具 3~4 棱，基部尖，顶端宽，截平，被密短柔毛。无冠毛及冠毛环。花期几全年。

**3. 防除措施（推荐）**

（1）农业防治

加强田间管理，人工或使用机械铲除。

（2）化学防治

施用草甘膦等除草剂。

## 4. 附 图

李花蟛蜞菊花序（杨虎彪摄）

李花蟛蜞菊植株（杨虎彪摄）

# 鬼针草 *Bidens pilosa*

## 1. 分 布

鬼针草 *Bidens pilosa* Linnaeus 为一年生草本植物，广布在亚洲和美洲的热带和亚热带地区，生于村旁、路边及荒地中。在密克罗尼西亚联邦，鬼针草在科斯雷州有发现。其危害在于与农作物争夺水分、养分和光能，降低农作物产量和品质，影响人、畜健康，也是一些农作物病害和虫害的中间寄主。

## 2. 植物学特性

一年生草本，茎直立，高 30~100 cm，钝四棱形，无毛或上部被极稀疏的柔毛，基部直径可达 6 mm。茎下部叶较小，3 裂或不分裂，通常在开花前枯萎，中部叶具长 1.5~5 cm 无翅的柄，三出，小叶 3 枚，很少为具 5（~7）枚小叶的羽状复叶，两侧小叶椭圆形或卵状椭圆形，长 2~4.5 cm，宽 1.5~2.5 cm，先端锐尖，基部近圆形或阔楔形，有时偏斜，不对称，具短柄，边缘有锯齿、顶生小叶较大，长椭圆形或卵状长圆形，长 3.5~7 cm，先端渐尖，基部渐狭或近圆形，具长 1~2 cm 的柄，边缘有锯齿，无毛或被极稀疏的短柔毛，上部叶小，3 裂或不分裂，条状披针形。头状花序直径 8~9 mm，有长 1~6（果时长 3~10）cm 的花序梗。总苞基部被短柔毛，苞片 7~8 枚，条状匙形，上部稍宽，开花时长 3~4 mm，果时长至 5 mm，草质，边缘疏被短柔毛或几无毛，外层托片披针形，果时长 5~6 mm，干膜质，背面褐色，具黄色边缘，内层较狭，条状披针形。

无舌状花，盘花筒状，长约 4.5 mm，冠檐 5 齿裂。瘦果黑色，条形，略扁，具棱，长 7~13 mm，宽约 1 mm，上部具稀疏瘤状突起及刚毛，顶端芒刺 3~4 枚，长 1.5~2.5 mm，具倒刺毛。茎直立，下部略带淡紫色，四棱形，无毛，或于上部的分枝上略具细毛。中、下部叶对生，长 11~19 cm，2 回羽状深裂，裂片披针形或卵状披针形，先端尖或渐尖，边缘具不规则的细尖齿或钝齿，两面略具短毛，有长柄；上部叶互生，较小，羽状分裂。头状花序直径约 6~10 mm，有梗，长 1.8~8.5 cm；总苞杯状，苞片线状椭圆形，先端尖或钝，被有细短毛；花托托片椭圆形，先端钝，长 4~12 mm，花杂性，边缘舌状花黄色，通常有 1~3 朵不发育；中央管状花黄色，两性，全育，长约 4.5 mm，裂片 5 枚；雄蕊 5，聚药；雌蕊 1，柱头 2 裂。瘦果长线形，体部长 12~18 mm，宽约 1 mm，具 3~4 棱，有短毛；顶端冠毛芒状，3~4 枚，长 2~5 mm。花期 8—9 月。果期 9—11 月。

**3. 防除措施**

（1）农业防控

合理轮作；加强人工除草，适时中耕；合理密植，加速作物的封行进程，抑制杂草的生长。利用地膜覆盖，提高地膜和土表温度，可烫死杂草幼苗或抑制杂草生长。

（2）化学防控

可用克芜踪，拉索、扑草净、敌草隆等除草剂防除。

**4. 附　图**

鬼针草花序（杨虎彪摄）

鬼针草花序（杨虎彪摄）　　　　　　鬼针草植株（杨虎彪摄）

# 黑果飘拂草 *Fimbristylis cymosa*

## 1. 分　布

黑果飘拂草 *Fimbristylis cymosa* R. Br，为莎草科、飘拂草属植物，常见于田间或旷野湿地上。黑果飘拂草产于我国台湾，日本琉球群岛、印度尼西亚爪哇和澳洲亦有分布。在密克罗尼西亚联邦，该草在雅浦州有发现。黑果飘拂草会与农作物争夺水分、养分和光能，降低农作物产量和品质。

## 2. 植物学特性

根状茎短，无匍匐根状茎。秆上部细，高 10~60 cm，扁钝三棱形，基部粗，生多数叶。叶极坚硬，厚，平张，顶端急尖，边缘有稀疏细锯齿，宽 1.5~4 mm；苞片 1~3 枚，短于花序；长侧枝聚伞花序简单或近于复出，少有减缩为头状，辐射枝张开；小穗多数簇生成头状，直径 5~10 mm，长圆形或卵形，顶端纯，长 4~6 mm，宽 2 mm，无小穗柄，密生多数花；鳞片近膜质，卵形，顶端钝，红褐色，具白色干膜质宽边，背面有不明显的 3 条脉；雄蕊 3，花药线形，长约 0.7 mm；花柱细，基部稍粗，无毛，柱头 3。小坚果宽倒卵形，三棱形，长 0.75 mm，具不明显的疣状突起，表面网纹呈方形或横长圆形，或有时近于平滑，成熟时紫黑色。

## 3. 防除措施

（1）农业防控

加强田间管理，合理密植结合人工除草。

（2）化学防控

选用使用 2,4-D、草甘膦等除草剂处理。

## 4. 附　图

覆盖天然林地（杨虎彪摄）　　　　　　覆盖全山（杨虎彪摄）

# 异型莎草 *Cyperus difformis*

**1. 分　布**

异型莎草 *Cyperus difformis* L，为莎草目、莎草科一年生草本植物，可生于稻田或水边潮湿处，为低洼潮湿的旱地恶性杂草。在密克罗尼西亚联邦，异型莎草在雅浦、丘克、波纳佩、科斯雷 4 个州均有发现。异型莎草会与农作物争夺水分、养分和光能，降低农作物产量和品质。

**2. 植物学特性**

一年生草本。秆丛生，高 2~65 cm，扁三棱形。叶线形，短于秆，宽 2~6 mm；叶鞘褐色；苞片 2~3，叶状，长于花序。长侧枝聚伞花序简单，少数复出；辐射枝 3~9，长短不等；头状花序球形，具极多数小穗，直径 5~15 mm；小穗披针形或线形，长 2~8 mm，具花 2~28 朵；鳞片排列稍松，膜质，近于扁圆形，长不及 1 毫米，顶端圆，中间淡黄色，两侧深红紫色或栗色，边缘白色；雄蕊 2，有时 1；花柱极短，柱头 3。小坚果倒卵状椭圆形、三棱形，淡黄色。花果期 7—10 月。

**3. 防除措施**

（1）农业防控

加强田间管理，施用机械或人工除草。

（2）化学防控

使用 2,4-D、草甘膦等除草剂处理土壤，可有效灭除。

**4. 附　图**

异型莎草植株（杨虎彪摄）

**4. 复合侵染的诊断**

当一株植物上有两种或两种以上的病原物侵染时可能产生两种完全不同的症状，如花叶和斑点、肿瘤和坏死。首先要确认或排除一种病原物，然后对第二种做鉴定。两种病毒或两种菌物复合侵染是常见的，可以采用不同介体或不同别寄主过筛的方法将其分开。

# 植物病害诊断中应注意的问题

植物病害种类繁多，症状的变化很大，而且有时病害、伤害及虫害不易区分，为了保证诊断的准确性，须注意以下几个问题。

## 一、症状的复杂性

症状对植物病害的诊断具有很大的意义，通常情况下，每一种植物病害的症状都具有一定的稳定性和特异性，根据症状可以做出初步的诊断。但有时同一种病害，在同一寄主植物的不同生育期、不同环境条件下，或在不同的品种上，可能表现不同的症状；相反，不同病原物在同一植物上也可引起相似的症状。故症状观察要细心、仔细，必要时镜检病原物。

## 二、病菌与腐生物的混淆

镜检病原物时要选取新鲜的病组织，检查到致病菌的几率高。因为当植物受害组织死亡后，往往有腐生物在其上腐生，造成混淆，可通过柯赫氏法则来进行确定。

## 三、病害与伤害的区别

突发性的机械损伤（包括虫、风、动物等伤害）一般没有病理变化过程，病害则有一个从生理上、组织上到形态上的病理变化过程。虫伤通常在植物受害部位可见到特殊的痕迹，如缺刻、孔洞、隧道等，有时还可发现虫子或其排泄物。

# ● 附录二　其他尚未鉴定病虫害

　　除前面四章介绍的病虫草害外，我们在密克还发现了一些其他病虫害，一并附上，希望有机会进行进一步鉴定或由密克罗尼西亚联邦的同人进行完善。

一种未知粉虱为害椰子果（黄贵修摄于雅浦州）

果柄与果实受害状（黄贵修摄于科斯雷州）

叶片受害状（黄贵修摄于雅浦州）

未展开叶片受害状（黄贵修摄于丘克州）

叶片受害状（黄贵修摄于科斯雷州）

花穗受害状（黄贵修摄于科斯雷州）

一种火龙果病害发病初期症状，病原未知
（黄贵修摄于雅浦州）

一种火龙果病害发病后期症状，病原未知
（黄贵修摄于雅浦州）

莲雾煤烟病（黄贵修摄于雅浦州）

莲雾煤烟病（黄贵修摄于雅浦州）

一种豇豆病害，病原未知（黄贵修摄于科斯雷州）

一种南瓜病害，病原未知（黄贵修摄于科斯雷州）

一种南瓜病害，病原未知（黄贵修摄于科斯雷州）

一种南瓜病害，病原未知（黄贵修摄于科斯雷州）

一种茄子病害，病原未知（黄贵修摄于科斯雷州）

一种茄子病害，病原未知（黄贵修摄于科斯雷州）

一种粉蚧为害朱瑾（黄贵修摄于科斯雷州）

一种瓜实蝇为害黄花夹竹桃（黄贵修摄于科斯雷州）

榄仁树叶斑病叶片正面症状　　　　　　　　榄仁树叶斑病叶片背面症状

病原未知（黄贵修摄于雅浦州）　　　　　　病原未知（黄贵修摄于雅浦州）

榄仁树叶斑病发病初期症状　　　　　榄仁树叶斑病发病初期（叶背面）症状

榄仁树叶斑病严重发病症状　　　　　　　厚藤叶斑病发病症状

病原未知（黄贵修摄于雅浦州）

胡椒叶斑病发病初期症状
病原未知（黄贵修摄于科斯雷州）

胡椒叶斑病发病后期症状
病原未知（黄贵修摄于科斯雷州）

加罗林鱼木果斑病
病原未知（黄贵修摄于雅浦州）

加罗林鱼木果斑病
病原未知（黄贵修摄于雅浦州）

可可叶枯病
病原未知（黄贵修摄于雅浦州）

红厚壳叶枯病
病原未知（黄贵修摄于雅浦州）

毛鱼藤叶斑病

病原未知（黄贵修摄于雅浦州）

面包树叶斑病

病原未知（黄贵修摄于雅浦州）

盾叶鱼黄草叶枯病

病原未知（黄贵修摄于科斯雷州）

盾叶鱼黄草叶枯病

（病原未知，黄贵修摄于科斯雷州）

一种未知食叶害虫为害海湾百合

寄主海湾百合（黄贵修摄于雅浦州）

一种未知食叶害虫为害水鬼蕉

一种未知食叶害虫为害水鬼蕉
寄主水鬼蕉（黄贵修摄于雅浦州）

一种未知食叶害虫为害水鬼蕉
寄主水鬼蕉（黄贵修摄于雅浦州）

一种未知食叶害虫为害水鬼蕉
寄主水鬼蕉（黄贵修摄于雅浦州）

一种未知蝗虫为害滨豇豆
寄主滨豇豆（黄贵修摄于雅浦州）

一种未知食叶害虫为害银合欢寄主银合欢（右图为放大图）
（黄贵修摄于雅浦州）

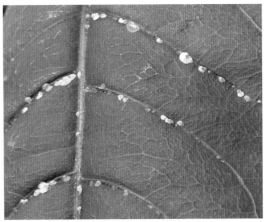

一种未知粉蚧为害黄独（右图为放大图）（黄贵修摄于雅浦州）

伞序臭黄金荆叶瘿纹（黄贵修摄于雅浦州）

伞序臭黄金荆叶瘿纹（黄贵修摄于雅浦州）

马来蒲桃叶瘿纹（黄贵修摄于雅浦州）

马来蒲桃叶瘿纹（黄贵修摄于雅浦州）

一种未知粉蚧为害滨玉蕊
寄主滨玉蕊（黄贵修摄于雅浦州）

一种未知蜡蚧为害变种斜叶榕　　　　　　　一种未知蜡蚧为害变种斜叶榕
寄主变种斜叶榕（黄贵修摄于雅浦州）　　　寄主变种斜叶榕（黄贵修摄于雅浦州）

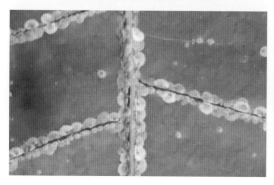

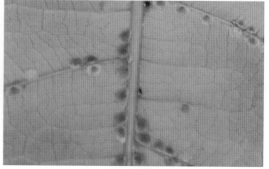

为害叶片正面　　　　　　　　　　　　　　　为害叶片背面

一种未知蜡蚧为害面包树幼苗
寄主面包树（黄贵修摄于雅浦州）

一种未知蜡蚧和粉蚧共同为害面包树幼苗
（黄贵修摄于雅浦州）

柑橘潜叶蛾或潜叶蝇为害柑橘，在叶片表皮之下形成蜿蜒的虫道（黄贵修摄于雅浦州）

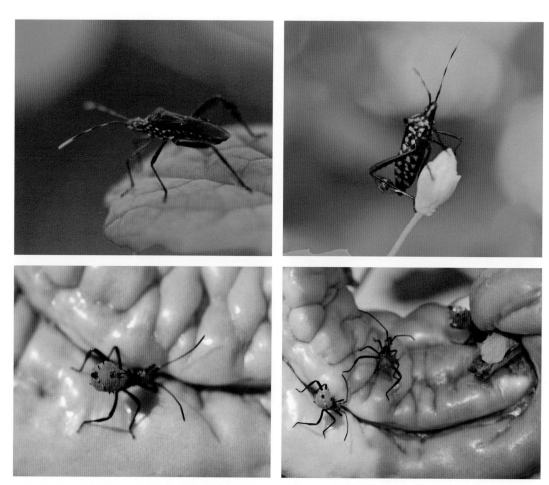

*Leptoglossus gonagra* (Fab.) 喙缘蝽若虫为害苦瓜嫩叶和花蕾（黄贵修摄于雅浦州）

喙缘蝽为害苦瓜果实导致畸形腐（黄贵修摄于雅浦州）

# 参考文献

蔡志英，刘昌芬，蓝增全，等 . 2009. 西双版纳海巴戟炭疽病和病原菌分生孢子萌发、附着胞形成条件的研究 [J]. 植物保护，35（1）：90-93.

陈福如，翁启勇，何玉仙，等 . 2006. 香蕉菠萝病虫害诊断与防治原色图谱 [M]. 北京：金盾出版社 .

陈　青，卢芙萍，黄贵修，等 . 2010. 木薯害虫普查及其安全性评估 [J]. 热带作物学报，31（5）：819-827.

褚　栋，张友军 . 2018. 近 10 年我国烟粉虱发生为害及防治研究进展 [J]. 植物保护，44（5）：51-55.

丁晓军，唐庆华，严　静，等 . 2014. 中国槟榔产业中的病虫害现状及面临的主要问题 [J]. 中国农学通报，30（7）：246-253.

杜公福 . 2012. 海南省冬季蔬菜病原真菌鉴定与生物学特性研究 [D]. 重庆：西南大学 .

范艳玲，高　赟 . 2015. 黄瓜棒孢叶斑病田间识别及综合防治技术 [J]. 农民致富之友（12）：45-46.

高兆银，胡美娇，李　敏，等 . 2014. 芒果采后生物学与贮运保鲜技术 [M]. 北京：中国农业出版社 .

郭　莹，刘长明，吴梅香，等 . 2013. 福建省番石榴园蚧类害虫及其天敌调查 [J]. 武夷科学，29：182-185.

郭予元，吴孔明，陈万权 . 2015. 中国农作物病虫害 [M]. 第 3 版 . 北京：中国农业出版社 .

韩小爽，高　苇，傅俊范，等 . 2011. 李宝聚博士诊病手记（三十五）黄瓜棒孢叶斑病的诊断与防治 [J]. 中国蔬菜（9）：20-21.

何胜强，郭　青 . 1998. 芒果疮痂病及其防治 [J]. 植物医生，11（3）：10.

何胜强，戚佩坤 . 1997. 芒果疮痂病菌生物学特性研究 [J]. 植物病理学报，27（1）：149-155.

黄贵修，李开绵 . 2012. 中国木薯主要病虫草害识别与防治 [M]. 北京：中国农业出版社 .

李超萍，时　涛，刘先宝，等 . 2011. 国内木薯病害普查及细菌性萎蔫病安全性评估 [J]. 热带作物学报，32（1）：116-121.

李增平，郑服丛 . 2015. 热带作物病理学 [M]. 北京：中国农业出版社 .

李增平，罗大全 . 2007. 槟榔病虫害田间诊断图谱 [M]. 北京：中国农业出版社 .

刘爱勤 . 2013. 热带特色香料饮料作物主要病虫害防治图谱 [M]. 北京：中国农业出版社 .

赖传雅，袁高庆 . 2008. 农业植物病理学（南方本）第二版 [M]. 北京：科学出版社 .

刘丽芳，魏　林，梁志怀 . 2017. 芋的主要病虫害及其综合防治方法 [J]. 长江蔬菜（18）：157-160.

刘晓妹，刘文波，范秀利 . 2006. 杧果细菌性黑斑病生防菌的筛选及防效测定 [J]. 中国生物防治，22

（S）：94-97.

刘增亮，张　贺，蒲金基 . 2009. 芒果疮痂病的症状、病原与防治 [J]. 热带农业科学，（10）：34-37.

刘志红，沈　阳，高亿波，等 . 2015. 外来危险性入侵害虫木瓜秀粉蚧的危害与防控 [J]. 安徽农业科学，43（31）：91-93，223.

戚佩坤 . 2000. 广东果树真菌病害志 [M]. 北京：中国农业出版社 .

蒲金基，韩冬银 . 2014. 芒果病虫害及其防治 [M]. 北京：中国农业出版社 .

覃伟权，朱　辉 . 2011. 棕榈科植物病虫鼠害的鉴定及防治 [M]. 北京：中国农业出版社 .

覃伟权，唐庆华 . 2015. 槟榔黄化病 [M]. 北京：中国农业出版社 .

时　涛，刘先宝，黄贵修 . 2015. 木薯丛枝病和蛙皮病入侵我国的风险分析 [J]. 热带生物学报，6（4）：432-437.

王勇方，刘一贤，蔡志英 . 2015. 诺丽炭疽病菌生物学特性研究 [J]. 广东农业科学，（7）：60-63.

韦晓霞，黄世勇 . 1996. 芒果疮痂病病情消长规律的调查观察 [J]. 福建果树，4：20-22.

肖倩莼，余卓桐，陈永强 . 1999. 杧果炭疽病流行过程、流行成因分析及施药指标预报研究 [J]. 热带作物学报，20（3）：25-30.

肖倩莼，余卓桐，郑建华，等 . 1995. 杧果病害种类及其病原物鉴定 [J]. 热带作物学报，16（1）：77-83.

谢昌平，郑服丛 . 2010. 热带果树病理学 [M]. 北京：中国农业科学技术出版社 .

余凤玉，林春花，朱　辉，等 . 2011. 椰子泻血病菌生物学特性研究 [J]. 热带作物学报，32（6）：1122-1127.

张　贺，韦运谢，漆艳香，等 . 2015. 温湿度对杧果炭疽病病原菌分生孢子萌发及附着胞形成的影响 [J]. 中国植保导刊，35（1）：10-14.

张荣意 . 2009. 热带园艺植物病理学 [M]. 北京：中国农业科学技术出版社 .

张寿洲，郭　萌，周明顺，等 . 2014. 鸡蛋花园林观赏与应用 [M]. 武汉：华中科技大学出版社 .

周卫川 . 2002. 非洲大蜗牛及其检疫 [M]. 北京：中国农业出版社 .

周至宏，王助引，黄思良，等 . 2000. 香蕉、菠萝、杧果病虫害防治彩色图说 [M]. 北京：中国农业出版社 .

Akem C N. 2006. Mango anthracnose disease: present status and future research priorities[J]. Plant Pathology Journal, 5(3): 266-273.

Alcorn, J L, Grice, K R E, Peterson, R A. 1999. Mango scab in Australia caused by *Denticularia mangiferae* (Bitanc. & Jenkins) Comb. nov. [M]. Australasian Plant Pathology, 28: 115-119.

Arauz L F. 2000. Mango anthracnose: economic impact and current options for integrated management[J]. Plant Disease, 84(6): 600-611.

Ayvar-Serna S, Píaz-Nájera JF, Vargas-Hernández M, *et al*. 2018. Colletotrichum tropicale callsal agent of anthracnise on noni plants (Morinda citrifolia) in Guevrero, Mexico[J]. Pant pathology & Quarantine, 8(2): 165-169.

Elliott M L, Broschat T K, Uchida J Y, *et al*. 2004. Compendium of Ornamental Palm Diseases and Disorders[M]. American Phytopathological Society, St. Paul, MN.

Estrada A B, Jeffries P, Dodd J C. 1996. Field evaluation of a predictive model to control anthracnose disease of mango in the Philippines[J]. Plant Pathology, 45(2): 294-301.

Fitzell R D, Peak C M. 1984. The epidemiology of anthracnose disease of mango: inoculum sources, spore production and dispersal[J]. Annals of Applied Biology, 104(1): 53-59.

Jeffries P, Dodd J C, Jeger M J, *et al*. 2007. The biology of *Colletotrichum* species on tropical fruit crops[J]. Plant Pathology, 39(3): 343-366.

Lim T K, Khoo K C. 1985. Diseases and Disorders of Mango in Malaysia[M]. Malaysia: Tropical press SDN. BHD. Kuala Lumpvr.

Lima N B, Lima W G, Tovar-Pedraza, J M, *et al*. 2015. Comparative epidemiology of *Colletotrichum* species from mango in northeastern Brazil [J]. European Journal of Plant Pathology, 141(4): 679-688.

Muniappan R, Bamba J, Cruz J, *et al*. 2003. Current status of the red coconut scale, *Furcaspis oceanica* Lindinger (Homoptera: Diaspididae) and its parasitoid, *Adelencyrtus oceanicus* Doutt (Hymenoptera: Encyrtidae), in Guam[J]. Plant Protection Quarterly, 18(2): 52-54.

Ploetz R C, Zentmyer G A, Nishijima W T, *et al* (eds.). 1994. Compendium of Tropical Fruit Diseases[M]. American Phytopathological Society Press. St. Paul, Minnesota.

Tang Q H, Niu X Q, Yu F Y, *et al*. 2014. First report pindo palm heart rot caused by *Ceratocystis paradoxa* in China [J]. Plant Disease, 98(9): 1282-1282.

Thomas W C, Walter T N. 2000. Introductions for biological control in Hawaii, 1987-1996 [J]. Proceedings of the Hawaiian Entomological Society, 34: 101-113.

Yu F Y, Niu X Q, Tang Q H, *et al*. 2012. First report of stem bleeding in coconut caused by *Ceratocystis paradoxa* in Hainan, China[J]. Plant Disease, 96(2): 290-290.